零基础玩转 DeepSeek：秒懂 Python 编程

张志刚 编著

中国水利水电出版社
www.waterpub.com.cn
·北京·

内 容 提 要

在人工智能技术迅猛发展的今天，编程能力已成为新时代的核心竞争力。本书紧扣人工智能技术赋能教育的新趋势，通过深度整合 DeepSeek 的强大功能，重新定义 Python 的学习模式。传统编程学习中存在的"高门槛、低效率、挫败感强"等痛点，在人工智能的实时交互、智能纠错和个性化指导下被逐一化解，让零基础学习者在智能工具的辅助下实现"学得懂、写得对、用得上"的跃迁式成长。

本书既适用于想要学习 Python 编程，进入 IT 行业的新人，也适用于想通过人工智能辅助编程提高工作效率的职场人士。

图书在版编目（CIP）数据

零基础玩转 DeepSeek : 秒懂 Python 编程 / 张志刚编著. -- 北京 : 中国水利水电出版社, 2025. 4. -- ISBN 978-7-5226-3384-8

Ⅰ. TP18；TP312.8

中国国家版本馆 CIP 数据核字第 2025NG4203 号

书　　名	零基础玩转 DeepSeek：秒懂 Python 编程 LINGJICHU WANZHUAN DeepSeek：MIAODONG Python BIANCHENG
作　　者	张志刚　编著
出版发行	中国水利水电出版社 （北京市海淀区玉渊潭南路 1 号 D 座　100038） 网址：www.waterpub.com.cn E-mail：zhiboshangshu@163.com 电话：（010）62572966-2205/2266/2201（营销中心）
经　　售	北京科水图书销售有限公司 电话：（010）68545874、63202643 全国各地新华书店和相关出版物销售网点
排　　版	北京智博尚书文化传媒有限公司
印　　刷	河北文福旺印刷有限公司
规　　格	170mm×240mm　16 开本　16.25 印张　260 千字
版　　次	2025 年 4 月第 1 版　2025 年 4 月第 1 次印刷
印　　数	0001—8000 册
定　　价	59.80 元

凡购买我社图书，如有缺页、倒页、脱页的，本社营销中心负责调换

版权所有·侵权必究

序言 FOREWORD

在数字技术蓬勃发展的今天，Python 作为一种简洁、高效、应用广泛的编程语言，正成为众多领域从业者的必备技能。无论是数据分析、人工智能、Web 开发，还是自动化脚本编写，Python 都展现出了强大的生命力和无限的潜力。然而，对于零基础的编程学习者来说，面对晦涩的技术文档和复杂的编程概念，往往会感到无从下手，甚至望而却步。

本书宛如一位贴心的引路人，为零基础学习者打开了 Python 编程的大门。本书站在初学者的角度，充分考虑零基础人群在 Python 学习过程中可能遇到的困难和疑惑，精心构建了一套循序渐进、通俗易懂的知识体系。

从内容编排来看，本书摒弃了传统编程教材中过于理论化的讲解方式，而是采用了大量生动形象的案例和深入浅出的语言，将抽象的编程概念转化为日常生活中常见的场景，让学习者能够轻松理解和掌握。例如，在讲解变量、函数等基础概念时，书中通过具体的实例，如编写简单的问候语程序等，让学习者在实践中感受编程的魅力。

同时，本书巧妙地结合了 DeepSeek 这一强大的工具，为学习者提供了更加便捷、高效的学习途径。通过 DeepSeek，学习者可以实时验证自己的代码，及时发现并解决问题，避免了在学习过程中因错误积累而产生的挫败感。这种理论与实践相结合的教学方式，不仅能够帮助学习者快速掌握 Python 编程的基本技能，还能够培养学习者的实际操作能力和解决问题的思维方式。

此外，本书还注重培养学习者的编程思维和良好的编程习惯。在讲解每一个知识点时，都会引导学习者思考如何运用所学知识解决实际问题，如何编写简洁、高效、容易维护的代码。这种全方位的培养模式，使学习者在掌握 Python 编程技术的同时，也能够提升自己的逻辑思维能力和创新能力。

　　对于那些想要踏入编程领域，却苦于没有基础的学习者来说，本书无疑是一本不可多得的学习宝典。它以独特的视角、实用的内容和高效的学习方法，为零基础学习者铺就了一条通往 Python 编程世界的康庄大道。相信每一位翻开这本书的读者，都能够在轻松愉快的学习过程中，逐步掌握 Python 编程的精髓，开启属于自己的编程之旅。

　　如果你渴望掌握一门实用的编程语言，为自己的职业发展和个人成长增添助力，那么不妨翻开本书，让它陪伴你踏上这段充满挑战和机遇的编程学习之旅吧！

高睿鹏

北京交通大学软件学院教授、博士生导师

中国计算机学会物联网、普适计算、智能机器人专委会委员

前言 PREFACE

DeepSeek 赋能 Python 编程开发

在人工智能技术迅猛发展的今天，DeepSeek 作为强大的 AI 助手，正为 Python 开发者带来前所未有的效率提升与创新可能。无论是代码生成、智能补全、错误调试，还是算法优化、数据处理，DeepSeek 都能以深厚的知识储备与自然语言理解能力，为开发者提供精准的辅助。

在学习 Python 编程开发前，了解传统编程的特点将帮助我们更清晰地认识 AI 带来的变革。本书正是基于这样的认知转变，为不同编程基础的读者提供了一条融合传统编程思维与 AI 辅助技术的学习路径。

1. 传统编程方式的核心特点

（1）高度依赖人工逻辑设计。严格遵循语法规则：程序员必须像"与计算机签订精密合同"一样，逐字逐句按照编程语言的语法书写代码。例如，漏掉一个分号或拼错一个单词，程序就会直接报错无法运行。

手动实现所有逻辑细节：从数据如何存储（如用数组还是链表）到每一步计算顺序（如先判断条件再循环），都需要人工设计。

调试如同"破案"：当程序出现错误（如崩溃或结果错误）时，程序员需逐行检查代码、分析日志，甚至需要反复测试才能定位问题根源。

（2）学习门槛高。语言壁垒：不同编程语言（如 Python、C++、JavaScript）的语法和用途差异较大，学习新语言相当于掌握一门新"外语"。

专业知识需求：需理解如何通过算法与数据结构高效解决问题。需了解内存管理、多线程等底层概念，否则可能写出低效甚至危险的代码。

工具链复杂：从代码编辑器（如 VS Code）、编译器（如 GCC）到版本控制工具（如 Git），开发者需掌握一整套工具的使用方法。

（3）开发流程冗长。瀑布式阶段划分：传统开发通常需经历严格的需求分析→设计→编码→测试→部署阶段的流程，每个环节都依赖前一步的完成。

人力密集型劳动：代码量庞大，一个简单的手机 App 可能需要数万行代码。重复性工作多，如为不同平台（iOS/Android）分别编写相似功能的代码。

（4）团队协作成本高。代码风格统一难题：团队需约定变量命名规则（如驼峰式）、缩进方式等，稍有不慎会导致代码混乱。

合并冲突频发：当多人修改同一文件时，常需手动解决代码冲突。例如，开发者 A 修改了登录功能，开发者 B 同时调整了页面布局，合并时可能互相覆盖。

知识传递困难：新成员加入项目时，需花费数周理解现有代码逻辑。关键逻辑若仅存在原开发者大脑中，一旦人员离职，代码可能变成无人能维护的"黑箱"。

2. AI 带来的编程本质性变革

（1）从"写代码"到"说需求"——意图驱动的开发。只需描述目标，AI 自动生成完整代码。例如，用户输入："帮我写一个统计班级平均分的程序，如果有不及格的学生就标红。"AI 会自动生成代码，包括读取数据、计算平均分、筛选不及格学生、添加颜色标记等功能。

（2）技术门槛消失——编程不再是"外语考试"。AI 实现了自然语言编程，用中文、英文等日常语言直接生成代码。还可以进行可视化交互，通过拖曳模块或流程图设计功能，AI 可自动翻译为代码。

编程从"专业技能"变为"通用工具"，就像使用微信一样普及。

（3）效率革命——从"手工雕刻"到"3D 打印"。代码生成速度快，AI 可在几分钟内完成原本数小时的工作。并且，AI 还实现了错误自动规避，其生成的代码会规避常见漏洞（如未处理异常、内存泄漏）。

（4）创新成本归零——人人都是"创造者"。传统开发试错成本高，一个小功能需投入大量开发时间，个人或小团队难以承担。而借助 AI 编程，可以快速验证想法，用 AI 生成最小可行产品（Minimum Viable Product，MVP），立即测试用户反馈。个人开发者借助 AI 可完成原本需要 10 人团队才能完成的任务。

（5）人机协作——AI 是"副驾驶"还是"设计师"。AI 作为助手可以提供实时建议优化方案，作为共创伙伴还能够与开发者共同设计架构。开发者从"码农"升级为"指挥官"，专注于核心逻辑的构建而非重复性劳动。

3. 本书的读者对象

本书作为一本零基础、通用的 Python 编程入门书籍，希望能帮助广大读者快速入门编程开发。并通过 DeepSeek 等 AI 工具，只需掌握基础编程就能编写出具有实际应用价值的程序。

本书适用人群如下：

▶ **编程初学者**：初学者常因漏写符号（如分号、括号）导致程序崩溃，却难以定位错误。本书引入 DeepSeek 辅助编程，让初学者实现从"挫败感"到"即时成就感"的转变。

▶ **职场人员**：例如，职场中的销售人员需要自动生成周报图表，阅读本书后，可以利用 DeepSeek 自动生成代码。销售人员要做的事，只是用自然语言输入提示词"从 Excel 读取销售数据，生成柱状图并导出 PDF"，DeepSeek 即可生成 Python 脚本。

▶ **学生**：阅读本书后，学生能够掌握 DeepSeek 使用技巧，实现从"孤立学习"到"AI 导师陪伴"的转变。

▶ **教师**：教师通过阅读本书，可以了解如何利用 DeepSeek 辅助编程，实现教学材料自动化生成和课程内容的革新等，从而完成从"重复劳动"到"战略升级"的跨越式转变。

4. 如何使用本书

对于很多初学者来说，准备编程环境是遇到的第一个难题。本书详尽介绍了编程环境的准备工作，读者需要认真学习。

本书中的每章核心语法都尽量使用通用知识进行介绍，无论读者的工作是什么，都应该掌握这些核心语法。本书的具体内容如下。

第 1 章主要介绍 Python 编程环境部署和 DeepSeek 等人工智能工具的使

用方法。

第 2 章从整体上介绍 Python 编程涉及的概念，读者可以快速了解 Python 编程的基础知识，同时借助 DeepSeek 可以顺利读懂代码。

第 3 章到第 6 章介绍 Python 编程核心语法（变量、循环、判断等）和数据结构（数字、字符串、列表、元组等）。

第 7 章到第 9 章介绍 Python 编程高级知识。读者可以掌握 Python 编程的进阶技巧，为进一步学习专项技能打下扎实基础。

每章还包含 DeepSeek 使用技巧，这部分内容将让读者如虎添翼。书中的每个案例读者务必亲手实践，掌握了这些技能，只需几天即可动手编写具有实际功能的程序。

由于作者水平有限，书中难免存在不足之处，我们衷心希望读者能够不吝赐教，提出宝贵意见。

作者

2025 年 3 月

目录 CONTENTS

序言

前言

第 1 章　Python 开发环境准备

1.1 Python 概述 ·············· 001
  1.1.1　Python 简介 ················001
  1.1.2　安装 Python ················002
  1.1.3　运行 Python ················003
  1.1.4　DeepSeek 解决运行问题········005
1.2 安装集成开发环境
  PyCharm ················ 006
  1.2.1　关于 PyCharm ··············006
  1.2.2　PyCharm 版本选择··········007
  1.2.3　配置 PyCharm ··············009
  1.2.4　DeepSeek 解决 PyCharm
     语法提示问题 ············012
  1.2.5　运行代码 ················013
1.3 DeepSeek 等 AI 工具的
  使用方法 ················ 015
  1.3.1　网页版工具 ················015
  1.3.2　PyCharm 集成通义灵码
     和 MarsCode ···········016
  1.3.3　DeepSeek 编写代码示例·······017

第 2 章　Python 编程概览

2.1 Python 编程概述 ········ 019
2.2 Python 编程总览 ········ 019
  2.2.1　关键字 ···················019
  2.2.2　标识符 ···················020
  2.2.3　语法说明 ·················022
  2.2.4　程序运行方式 ··············025
2.3 数据结构 ··············· 026
  2.3.1　数值型 ···················026
  2.3.2　字符串 ···················027
  2.3.3　列表 ·····················031
  2.3.4　元组 ·····················032
  2.3.5　字典 ·····················033
  2.3.6　集合 ·····················035
2.4 输入／输出 ············· 036
  2.4.1　基本输入 ·················036
  2.4.2　基本输出 ·················038
2.5 函数 ··················· 039

- 2.5.1 定义函数·················039
- 2.5.2 参数·····················040
- 2.5.3 返回值···················041
- 2.6 DeepSeek 解析代码结构··· 042
- 2.6.1 自动添加注释···········042
- 2.6.2 解释代码···············044
- 2.7 DeepSeek 知识点总结··· 045

第 3 章　数字、字符串与判断

- 3.1 数字························· 048
  - 3.1.1 十六进制数与二进制数·········048
  - 3.1.2 十进制数与二进制数···········050
  - 3.1.3 八进制数·····················051
- 3.2 字符串······················· 052
  - 3.2.1 定义字符串···················052
  - 3.2.2 字符串索引和切片·············053
  - 3.2.3 字符串成员关系判断···········055
  - 3.2.4 字符串方法···················056
  - 3.2.5 原始字符串···················058
  - 3.2.6 格式化字符串字面量···········059
  - 3.2.7 字节串·······················060
- 3.3 运算符······················· 061
  - 3.3.1 算术运算符···················061
  - 3.3.2 赋值运算符···················062
- 3.3.3 比较运算符···················062
- 3.3.4 逻辑运算符···················063
- 3.4 判断语句····················· 064
  - 3.4.1 基本判断·····················064
  - 3.4.2 判断条件·····················065
  - 3.4.3 if-else 语句结构··············066
  - 3.4.4 三元运算符···················066
  - 3.4.5 多分支·······················067
- 3.5 综合练习····················· 069
- 3.6 DeepSeek 助力解决
  常见语法和逻辑错误······ 070
  - 3.6.1 DeepSeek 助力解决语法错误···070
  - 3.6.2 DeepSeek 助力解决逻辑错误···071
- 3.7 DeepSeek 知识点总结··· 072

第 4 章　列表、元组与循环

- 4.1 列表·························· 75
  - 4.1.1 定义列表······················75
  - 4.1.2 列表索引和切片················77
  - 4.1.3 列表方法······················78
  - 4.1.4 列表推导式····················80
- 4.2 元组··························· 82
  - 4.2.1 元组基础······················82
  - 4.2.2 元组方法······················82
  - 4.2.3 元组作为函数的返回值··········83
- 4.3 while 循环···················· 84
- 4.3.1 循环概述······················84
- 4.3.2 while 循环使用基础············84
- 4.3.3 continue 语句·················85
- 4.3.4 break 语句····················86
- 4.3.5 else 语句·····················87
- 4.4 for 循环······················ 88
  - 4.4.1 for 循环使用基础··············88
  - 4.4.2 range() 函数··················89
- 4.5 常用内建函数················ 92
  - 4.5.1 数学运算类····················92

- 4.5.2 类型转换类 ················ 93
- 4.5.3 序列操作类 ················ 94
- 4.6 综合练习 ······················ 95
  - 4.6.1 生成随机密码 ············ 95
- 4.6.2 提取字符串 ················ 97
- 4.7 DeepSeek 分析代码性能··· 99
- 4.8 DeepSeek 知识点总结··· 100

第 5 章 字典、集合与文件

- 5.1 字典 ···························· 103
  - 5.1.1 定义字典 ················ 103
  - 5.1.2 更新字典 ················ 104
  - 5.1.3 字典的常用方法 ········ 104
  - 5.1.4 字典的其他常用操作 ··· 107
- 5.2 集合 ···························· 108
  - 5.2.1 定义集合 ················ 108
  - 5.2.2 集合运算 ················ 109
  - 5.2.3 集合的常用方法 ········ 110
  - 5.2.4 集合的其他常用操作 ··· 113
- 5.3 文件 ···························· 114
  - 5.3.1 文件概述 ················ 114
  - 5.3.2 打开模式 ················ 114
  - 5.3.3 文本文件操作 ··········· 115
  - 5.3.4 二进制文件操作 ········ 121
- 5.4 综合练习 ······················ 122
  - 5.4.1 统计客户端 ············· 122
  - 5.4.2 统计新增的客户端 ····· 124
- 5.5 DeepSeek 生成动画 助力理论理解 ················ 125
  - 5.5.1 冒泡排序 ················ 125
  - 5.5.2 理解变量变化 ··········· 127
- 5.6 DeepSeek 知识点总结··· 128

第 6 章 函数式编程

- 6.1 函数基础 ······················ 131
  - 6.1.1 函数基础基本概念 ····· 131
  - 6.1.2 函数调用 ················ 132
  - 6.1.3 参数 ······················ 133
  - 6.1.4 返回值 ··················· 138
  - 6.1.5 命令行上的位置参数 ··· 141
- 6.2 变量作用域 ··················· 143
  - 6.2.1 什么是变量作用域 ····· 143
  - 6.2.2 全局变量与局部变量 ··· 144
  - 6.2.3 嵌套函数与 nonlocal 关键字··· 145
- 6.3 函数进阶用法 ················ 146
  - 6.3.1 匿名函数 ················ 146
  - 6.3.2 递归函数 ················ 150
  - 6.3.3 生成器函数 ············· 151
  - 6.3.4 闭包 ······················ 153
  - 6.3.5 装饰器 ··················· 154
- 6.4 综合练习 ······················ 156
  - 6.4.1 数学口算题 ············· 156
  - 6.4.2 计算程序运行时间 ····· 160
- 6.5 用 DeepSeek 生成单元 测试代码 ······················ 162
  - 6.5.1 单元测试 ················ 162
  - 6.5.2 用 DeepSeek 自动生成单元测试代码 ··············· 163
- 6.6 DeepSeek 知识点总结··· 164

第 7 章 模块

- 7.1 模块基础 …………………… 168
  - 7.1.1 模块基本概念 ……………… 168
  - 7.1.2 定义模块 …………………… 168
  - 7.1.3 导入模块 …………………… 169
  - 7.1.4 模块导入特性 ……………… 171
  - 7.1.5 代码布局 …………………… 175
  - 7.1.6 使用第三方模块 …………… 178
- 7.2 常用模块 …………………… 186
  - 7.2.1 time 模块 ………………… 186
  - 7.2.2 datetime 模块 …………… 189
  - 7.2.3 os 模块 …………………… 192
  - 7.2.4 tarfile 模块 ……………… 197
  - 7.2.5 hashlib 模块 ……………… 199
  - 7.2.6 paramiko 模块 …………… 202
  - 7.2.7 re 模块 …………………… 206
- 7.3 DeepSeek 代码规范化与风格检查 ………………… 208
  - 7.3.1 PEP8 规范 ………………… 208
  - 7.3.2 用 DeepSeek 自动规范化文档 … 209
- 7.4 让DeepSeek写一个典型案例 … 211

第 8 章 异常处理

- 8.1 异常处理的基本概念 ……… 213
  - 8.1.1 什么是异常 ………………… 213
  - 8.1.2 为什么需要处理异常 ……… 215
  - 8.1.3 异常处理的核心原则 ……… 216
- 8.2 Python 异常处理机制 … 217
  - 8.2.1 检测和处理异常 …………… 217
  - 8.2.2 异常参数 …………………… 221
  - 8.2.3 异常的 else 子句 ………… 222
  - 8.2.4 finally 子句 ……………… 224
- 8.3 主动触发抛出异常 ………… 225
- 8.3.1 raise 语句主动触发异常 …… 225
- 8.3.2 断言异常 …………………… 225
- 8.4 DeepSeek 解析 Traceback 信息 ………………………… 226
  - 8.4.1 什么是 Traceback ………… 226
  - 8.4.2 使用 DeepSeek 解析 Traceback 信息 ………………………… 227
- 8.5 DeepSeek 对异常处理知识点的总结 …………… 228

第 9 章 面向对象编程

- 9.1 面向对象编程基础 ……… 230
  - 9.1.1 为什么要用面向对象编程 … 230
  - 9.1.2 类和实例对象 ……………… 231
- 9.2 面向对象编程常用编程方式 … 234
  - 9.2.1 组合 ………………………… 234
  - 9.2.2 继承 ………………………… 236
  - 9.2.3 多重继承 …………………… 237
- 9.3 魔法方法 …………………… 239
- 9.4 DeepSeek生成OOP代码 … 241
  - 9.4.1 DeepSeek 介绍如何从函数转向类 … 241
  - 9.4.2 函数转 OOP 示例 ………… 243
  - 9.4.3 不要过度依赖 AI …………… 244

后记 未来展望：编程将走向何方？

第 1 章　Python 开发环境准备

1.1　Python 概述

1.1.1　Python 简介

Python 是一门广泛使用的计算机编程语言，具有众多显著特点和优势。Python 是由荷兰国家数学与计算机科学研究中心的吉多·范·罗萨姆（Guido van Rossum）于 20 世纪 90 年代初设计的。

Python 具有如下优点。

（1）简单易学：Python 语法简洁易懂，具有极其简单的说明文档，适合新手学习。

（2）面向对象：Python 既支持面向过程的编程，也支持面向对象的编程，通过类和对象实现代码的组织和复用。

（3）可移植性：Python 是开源的，已被移植到许多平台，包括 Linux、Windows、FreeBSD 和 Solaris 等。

（4）解释性：Python 是一种解释型语言，无须编译即可直接运行。通过 Python 解释器将源代码转换为字节码并执行。

（5）开源：Python 的开源特性使得其拥有庞大的社区支持和丰富的第三方库。

（6）可扩展性：Python 解释器易于扩展，可以使用 C、C++ 或其他可通过 C 调用的语言扩展新的功能和数据类型。

（7）丰富的库：Python 拥有庞大的标准库和第三方库，可用于处理各种任务，如 Web 开发、数据分析、系统运维等。

正是因为这些优点，Python 被广泛应用到各种领域。

（1）系统网络运维：Python 可用于自动化运维任务，如管理、监控和发布系统等，提高工作效率。

（2）Web 应用开发：Python 具有丰富的 Web 开发框架，如 Django 和 Flask，可用于快速开发 Web 应用。

（3）数据分析：Python 在科学计算和数据分析领域有着广泛应用，如 NumPy、Pandas 等库为数据处理提供了强大支持。

（4）3D 游戏开发：Python 支持使用 Pygame 等库进行游戏开发。

（5）网络爬虫：Python 可用于编写网络爬虫程序，自动抓取互联网信息。

1.1.2 安装 Python

本书将以 Windows 系统为例，介绍 Python 的安装步骤。

读者可以在 Python 的官方网站下载 Python，可以下载适用于各个平台、各个版本的 Python。在首页单击 Downloads 下面的 Windows 选项即可找到适合 Windows 系统的 Python 安装包，如图 1-1 所示。

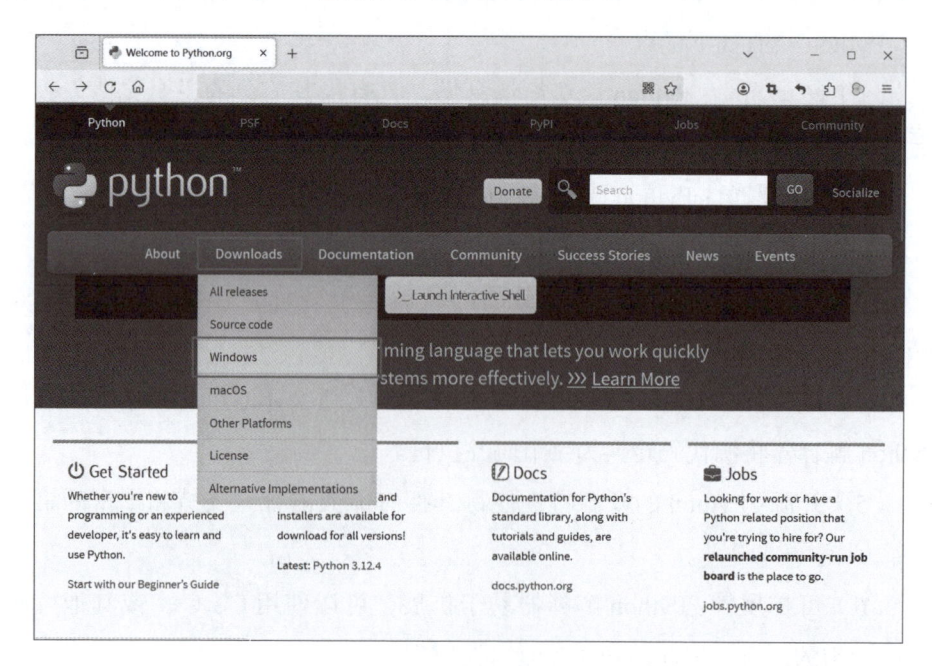

图 1-1

初学 Python 时，面对官网上的众多版本，不用纠结到底该选择哪一个。无论是哪个版本其基本语法都是一样的，只要选择一个 64 位的安装程序即可。

在 Windows 系统上安装 Python 软件包，基本上只用单击"下一步"即可，这里不再赘述。

1.1.3 运行 Python

安装完成后，就可以使用 Python 了。在 Windows 桌面下方的搜索框中输入 cmd，找到"命令提示符"程序，并单击运行，如图 1-2 所示。

图 1-2

在 cmd 命令行界面输入 python 并按 Enter 键，即可进入 Python 解释器，它以 >>> 作为提示符，如图 1-3 所示。

图 1-3

在 Python 解释器中可以进行一些基础语法测试，如输出 Hello World!；退出时可以输入 exit()。还可以按组合键 Ctrl + Z，然后按 Enter 键，如图 1-4 所示。

图 1-4

当然，更多的使用方式是把代码写到一个以 .py 作为扩展名的文本文件中，然后通过 Python 去解释并执行它。例如，用"记事本"程序打开一个文件，输入一行代码 print("Hello World!")，然后另存为 hello.py 文件，如图 1-5 和图 1-6 所示。

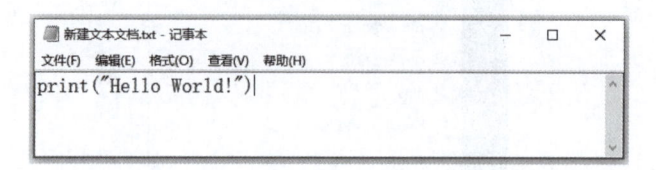

图 1-5

图 1-6

在命令行中运行该程序时，可以先进入程序代码所在的目录，然后用 Python 执行它，如图 1-7 所示。

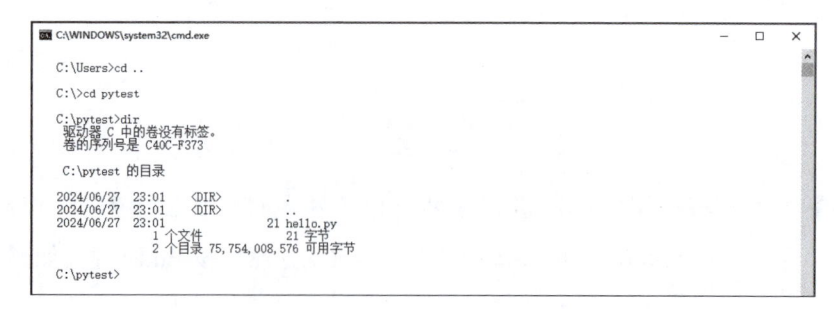

图 1-7

1.1.4　DeepSeek 解决运行问题

在命令行中运行 Python 时，有可能出现找不到命令的问题，如图 1-8 所示。

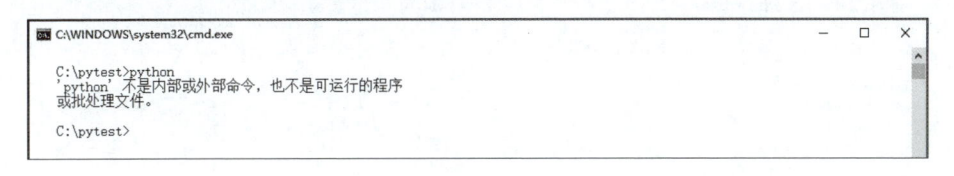

图 1-8

让我们通过 DeepSeek 了解一下问题是如何产生的。访问 DeepSeek 网页版，在 DeepSeek 中输入"在 Windows 操作系统中已经安装了 Python 程序，但是在命令行执行 python 命令时，提示 python 不是内部或外部命令，也不是可运行的程序，该怎么解决"。

DeepSeek 回复如下：

在 Windows 操作系统中出现"python 不是内部或外部命令"的错误，通常是因为 Python 的安装路径未正确添加到系统的 PATH 环境变量中。

解决方案如下：

（1）安装 Python 程序时，勾选 Add python.exe to PATH 复选框，如图 1-9 所示。

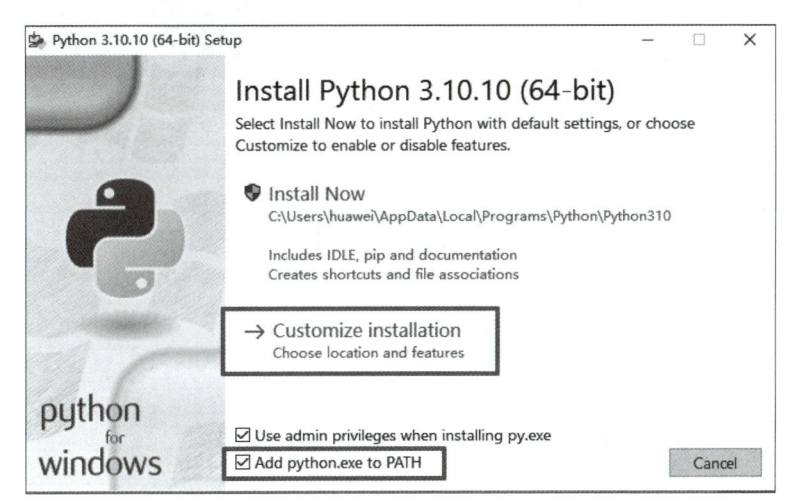

图 1-9

（2）在已安装 Python 的操作系统中，按组合键 Win + S，搜索"环境变量"，选择"编辑环境变量"，将 Python 安装目录追加到 PATH 环境变量中，如图 1-10 ~ 图 1-12 所示。

图 1-10　　　　　　　　　　　　　　　　图 1-11

图 1-12

1.2　安装集成开发环境 PyCharm

1.2.1　关于 PyCharm

程序员编写代码如果像 1.1.3 小节那样，打开"记事本"程序，每个字母的输入都需要纯手工完成，那无疑是一件既痛苦又效率低下的事。所以程序员一般都会采用被称作集成开发环境（Integrated Development Environment，IDE）的软件。

PyCharm 是一款专为 Python 编程设计的集成开发环境，它提供了丰富的功能和工具，帮助开发者提升编码效率、代码质量和开发体验。下面介绍四个常用功能。

▶ **代码自动完成和智能感知**：PyCharm 具有强大的代码自动完成功能，可以根据上下文推断变量、方法和类，并提供相应的建议。这大大加快了编码的速度并减少了错误。

▶ **语法检查和错误提示**：PyCharm 能够实时检测代码中的语法错误并给出相应的警告和建议，帮助开发者及早发现和修复潜在的问题。

▶ **庞大的插件生态系统**：PyCharm 拥有庞大的插件生态系统，可以根据开发者的需求扩展其功能。开发者可以通过安装插件来增加新的特性、集成其他工具或定制 IDE 的行为。

▶ **调试和测试**：PyCharm 内置了强大的调试和测试工具，支持断点设置、变量监视、表达式评估等功能，帮助开发者快速定位和解决问题。它还支持多种测试框架，如 unittest 和 pytest。

1.2.2 PyCharm 版本选择

PyCharm 有专业版（Professional Edition）和社区版（Community Edition）之分。

专业版是收费的，需要购买许可证才能使用。它提供了丰富的功能，包括 Web 开发、Python Web 框架、Python 分析器、远程开发，以及支持数据库与 SQL 等高级功能。此外，它还提供了高级调试工具、智能代码补全、代码重构、单元测试集成和版本控制集成等。

社区版是免费的，并且仅限于非商业用途。它主要提供了 Python 的基本功能，没有专业版中的高级工具。然而，对于初学者来说，这些基本功能已经足够满足学习和日常开发的需求。

读者可以访问 PyCharm 的官方网站去下载 PyCharm。不推荐使用最新版本，因为最新版本和有些插件的兼容做得不够好。所以，可以单击"其他版本"，下载一个旧版本，如图 1-13 所示。

图 1-13

读者可以选择 2022.3.3 版本，注意，选择 PyCharm Community Edition 类型，如图 1-14 所示。

图 1-14

1.2.3 配置 PyCharm

双击下载的 PyCharm 安装包，按照向导进行安装即可，此处不再赘述。

安装完成后，第一次运行 PyCharm 需要创建项目，可以单击 New Project 按钮创建一个新的项目，如图 1-15 所示。这其实就是创建了一个新目录。一个软件项目往往不只有一个文件，而是由很多文件构成的。为了保持整洁等原因，把代码文件放到一个目录里，就称作创建一个项目目录。

图 1-15

新建项目时，首先需要输入项目目录的路径。然后选择 Previously configured interpreter，即"已有解释器"。Python 可以在全局环境中运行，也可以创建一个所谓的"虚拟环境"并在"虚拟环境"中运行。关于"虚拟环境"，这里先不做进一步的讨论。为了方便，建议使用已有解释器，而不是新建一个"虚拟环境"。

然而，使用已有解释器时，PyCharm 并不知道 Python 安装到了系统中的哪个路径。这就需要单击 Add Interpreter 按钮来添加解释器，如图 1-16 所示。

在弹出的窗口选择 Existing，即已有的解释器，然后找到 Python 程序所在的位置，如图 1-17 所示。

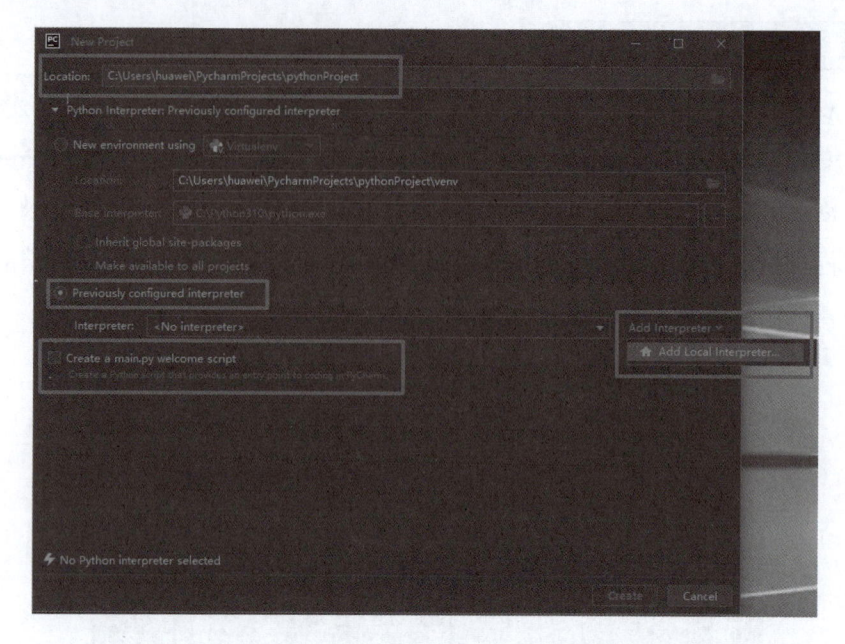

图 1-16

图 1-17

最后，单击 Create 按钮创建即可。

PyCharm 安装完成后是英文界面，也可以将其改为中文界面，需要安装相应的中文插件。

选择 File → Settings → Plugins 选项，从 Marketplace 市场中查找中文插件并安装，如图 1-18 所示。

图 1-18

安装完毕后，单击 Restart IDE 按钮，重启 PyCharm，即可得到一个中文界面的 PyCharm 了，如图 1-19 所示。

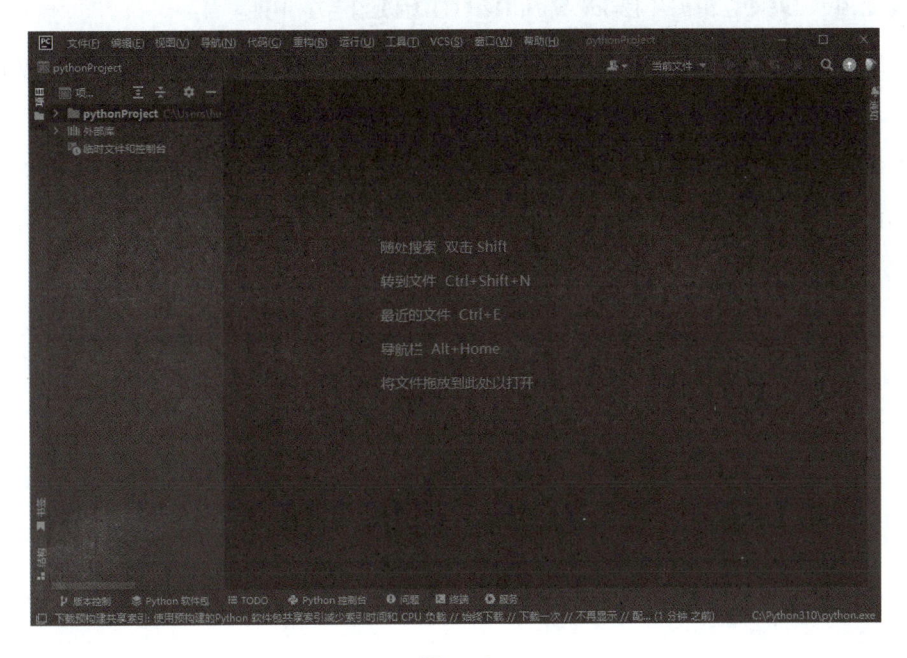

图 1-19

PyCharm 默认的主题风格是暗色的，可以通过"文件"→"设置"→"编辑器"→"配色方案"进行修改，如图 1-20 所示。

图 1-20

1.2.4 DeepSeek 解决 PyCharm 语法提示问题

在 PyCharm 的项目上，右击即可新建文件并编写代码。作为一个集成开发工具，PyCharm 可以实现代码的提示与自动补全。然而，也会出现不自动补全的情况，我们可以用 DeepSeek 分析一下原因。在 DeepSeek 中输入"使用 PyCharm 编写 Python 代码时，创建了一个 hello 文件，它没有实现代码的提示与自动补全，可能是什么原因"。

DeepSeek 指出：需要检查文件类型是否正确，文件扩展名为 .py。将 hello 文件重命名为 hello.py，代码提示就出现了，如图 1-21 所示。

第 1 章　Python 开发环境准备

图 1-21

可以按方向键的上下箭头来选择相应的内容，按 Enter 键或 Tab 键可进行自动补全。此外，在 PyCharm 中不必手工存盘，代码文件是实时自动存盘的。

1.2.5　运行代码

在 PyCharm 的代码框中右击，在弹出的快捷菜单中选择运行命令即可执行代码，如图 1-22 所示。

图 1-22

代码还可以在终端中手工运行。在 PyCharm 下面的工具条单击"终端"按钮，如果没有出现这个工具条，则需要先单击左下角的工具条图标，如图 1-23 所示。

图 1-23

进入终端后，路径将会自动切换到项目所在目录。可以通过 ls 命令查看当前目录下的文件。找到自己编写的代码后，即可通过"python 代码文件名"命令运行，如图 1-24 和图 1-25 所示。

图 1-24

图 1-25

1.3 DeepSeek 等 AI 工具的使用方法

1.3.1 网页版工具

ChatGPT 在 2022 年年底爆火之后，各大厂商纷纷布局生成式 AI。传统生成式 AI 在推理任务上表现一般，2024 年 11 月底，DeepSeek R1 网页版正式上线。DeepSeek R1 专注于提升推理能力，尤其擅长数学、代码和自然语言推理等复杂任务。

现在很多厂商都将 DeepSeek 集成到了自己的业务应用中。除了通过 DeepSeek 官方渠道，用户还可以通过百度、腾讯元宝、阿里巴巴通义千问、字节豆包等工具使用 DeepSeek。

很多用户感觉 AI 似乎没有自己想象的那么智能，经常得不到满意的答案。如果你也有这样的困惑，那么你就应该学学 AI 的使用方法了。

为了让 AI 给出满意的答案，我们需要了解一下提示词（Prompt）的使用。

在生成式 AI 的应用中，可以采用 RTOG 的原则。R 是 Role，即角色，也就是先将 AI 设定为某一领域的专家；T 是 Task，即任务，说明需要完成的工作；O 是 Objective，即操作要求，把需要做什么、不需要做什么交代清楚；G 是 Goal，即目标，表示最终的成果。

当我们学习 Python 时，可以在大语言模型中开启一个会话，输入以下提示词：

> 角色：
> — 资深 Python 程序员
> — 经验丰富的专家讲师
> 任务：
> — 帮助零基础的初学者学习 Python 编程语言
> 操作要求：
> — 语言要通俗易懂
> — 概念需要通过具体代码案例讲解
> 目标：
> — 帮助初学者快速掌握 Python 语言
> 初始化
> — 如果明白了，请以"好的，我将成为你学习 Python 的好帮手，让我们开始吧"作为开始

对话是有上下文的，只要不开启新对话，相关的问题都可以直接提问，不需要反复输入以上提示词。

DeepSeek R1 这样的推理模型，不必采用以上方式。和 DeepSeek R1 对话时，就像是和一位有思想的专家交谈，让专家给你建议。这个时候，只要跟它说干什么、给谁干、目的是什么，以及有哪些约束即可。

例如，当学习 Python 中的字符串时，可以跟 DeepSeek R1 说："我需要了解 Python 中关于字符串的使用知识，我初学 Python，请结合具体的示例进行讲解，不需要面面俱到，只要列出最常用的方式即可。"

1.3.2 PyCharm 集成通义灵码和 MarsCode

PyCharm 的插件市场有众多 AI 插件，阿里巴巴的通义灵码和字节跳动的 MarsCode 都是非常优秀的 AI 插件，读者可以根据自己的习惯进行选择。本书以通义灵码为例进行介绍。

首先，在"文件"菜单里找到"设置"，然后选择"插件"，从 Marketplace

中搜索 tongyi，就可以安装了，如图 1-26 所示。

图 1-26

1.3.3 DeepSeek 编写代码示例

通义灵码安装完成后，在右侧边栏会出现"通义灵码"的按钮，单击该按钮进行登录就可以使用了。通义灵码对话框的左下角有一个模型选择的按钮，在这里可以选择 deepseek-r1。

图 1-27

我们可以创建一个 demo.py 文件。在对话框中输入"请通过 Python 自带的功能，编写一个有图形界面的计算器，只需要有基本的加、减、乘、除和乘方功能即可。"

代码生成后，单击"插入"按钮即可自动复制到文件中。在代码窗口右击，选择"运行"命令，计算器便出现在屏幕中了，如图 1-28 所示。

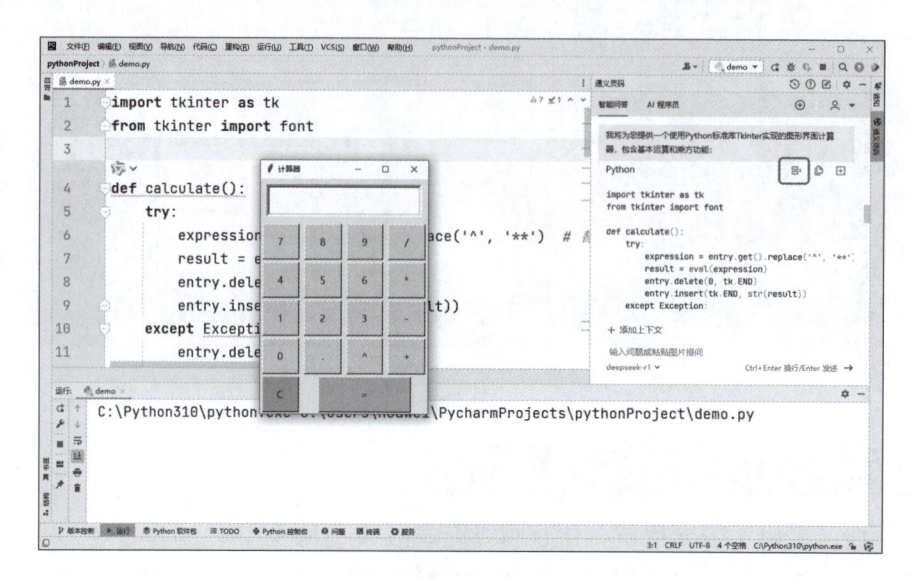

图 1-28

如果在测试计算器时，发现它有不正确的地方，只需要用自然语言说明有哪些问题，要求 DeepSeek 自行检查即可。DeepSeek 将会改正错误，生成新的代码重新应用到文件中。

第 2 章　Python 编程概览

2.1　Python 编程概述

很多没有接触过编程的读者（即使是工作了多年的网络工程师、运维工程师），一提到编程，都会感到压力很大，认为编程是一项巨大的工程，需要很多知识的积累，以及丰富的编程经验。

要想精通编程确实不易，写出完美的代码也的确需要全面的考虑。然而，如果只是为了完成一些简单工作和提升工作效率，并不需要写出面面俱到的程序，只需要对编程有大致了解就可以完全胜任了。

本章将会对 Python 编程的核心概念进行介绍，使读者在看到一段代码时，能知晓代码宏观上的结构，而不再是像在看"天书"了。

2.2　Python 编程总览

2.2.1　关键字

在 Python 中，关键字（Keywords）是一组预定义的、具有特殊含义的标识符。这些关键字是 Python 语言语法的一部分，用于定义语言的结构和功能。由于它们是内置的，因此不能将它们用作变量名、函数名或其他标识符。

以下是对关键字的分类和解释。

1. 控制流关键字

- ▶ if、elif、else：用于条件判断。
- ▶ for、while：用于循环结构。

- break：用于跳出当前循环。
- continue：用于跳过当前循环的剩余部分，并继续下一次循环。
- pass：空操作语句，用于占位或作为一个标记。
- try、except、finally：用于异常处理。
- with、as：常与上下文管理器和资源释放一起使用。

2. 函数和类关键字

- def：用于定义函数。
- class：用于定义类。
- lambda：用于定义匿名函数（即单行函数）。
- yield：在生成器函数中用于返回结果。

3. 导入和模块关键字

- import：用于导入模块或包。
- from、import（组合使用）：用于从模块或包中导入特定的函数、类或变量。

4. 全局和局部变量关键字

- global：在函数内部声明一个变量是全局的。
- nonlocal：在嵌套函数中声明一个变量是外层函数中的非局部变量。

5. 断言和删除关键字

- assert：用于调试目的，检查一个条件是否为真，如果不为真则抛出异常。
- del：用于删除对象引用。

6. 常量和其他关键字

- True、False：布尔常量，表示逻辑真和逻辑假（注意大小写）。
- None：表示空值或不存在的引用。
- and、or、not：逻辑运算符，用于组合布尔值。
- in、is、not in：成员资格和身份运算符。

2.2.2 标识符

除了关键字外，Python 还会用到大量的、各种各样被称作标识符的名字。这些名字可以是变量、函数、类、模块和其他对象的名称。它们是编程中不可或缺的一部分，对于代码的可读性和可维护性至关重要。

标识符既然是名字，命名时就要遵守一定的规范。
- 标识符可以由字母（包括大小写字母）、数字和下划线组成。
- 标识符的第一个字符必须是字母（包括大小写字母）或下划线（_）。
- 标识符不能以数字开头，但可以包含数字。
- 标识符是区分大小写的，即 age 和 Age 是两个不同的标识符。
- 标识符不能是 Python 的关键字。

以上是一个合法标识符的命名要求，不过最好也不要随心所欲地起名字，Python 中常用的标识符命名风格如下。
- 小写字母和下划线的组合，称为 snake_case 或"下划线命名法"，如 my_variable。
- 对于类名，通常使用 PascalCase 或"驼峰命名法"，即首字母大写，后续单词的首字母也大写，如 MyClass。

因此，在自定义一个标识符名称时，建议采用以下方式。
- 使用有意义的名称，这有助于代码的可读性和可维护性。
- 避免使用过长或过短的名称。过长的名称会使代码难以阅读，而过短的名称可能使含义不够明确。
- 遵循一定的命名规范，如"下划线命名法""驼峰命名法"。
- 建议使用英文单词。虽然中文也能表示出相应的含义，但是用英文单词仍然是主流的方式。

变量是一种十分重要的、应用广泛的标识符。顾名思义，变量是可以变化的量，直接使用的数据称作字面量。

为什么要使用变量呢？首先，变量的名字是有意义的。如果直接使用数字 100，它并不能直接反映出 100 是什么，是距离 100 米，还是速度为每小时 100 公里？使用变量 speed 来表示 100，可以非常直观地看出 100 代表的是速度。另外，变量更加灵活、方便。试想，数字 100 在代码中出现了 10 次，当我们想把它改成 200 时，需要修改 10 次。而使用变量，只需要把变量赋值时出现的 *speed = 100* 改为 *speed = 200* 即可。

变量赋值使用等号，表示将等号右侧的表达式结果赋值给左侧的变量。

```
a = 100                    # 直接赋值
b = 10 + 5                 # 将10+5的结果赋值给b
c = d = 200                # 链式赋值，c和d值均为200
x, y = 100, 200            # 多重赋值，x为100、y为200
x, y = y, x                # 交换x和y的值
```

2.2.3　语法说明

Python 的语法相对简洁且易读，掌握相关语法相对容易。

首先，在 Python 中，无论是关键字还是其他标识符，都区分大小写。

```
user = 'zhangsan'          # 定义变量
USER = 'lisi'              # USER与user是两个不同的变量
print(user)                # 输出变量
print(USER)
print(True)                # 输出关键字True
print(true)                # 这里的true没有定义，将会报错
```

其次，Python 使用缩进来定义代码块，而不是像其他语言那样使用花括号（{}）。这意味着空格（通常是 4 个空格）在 Python 中非常重要。不该缩进时，一定不能缩进，否则会出现语法错误。

如图 2-1 所示，代码运行时报错，报错的内容是代码第一行有缩进错误，哪怕只有一个空格也是不允许的。

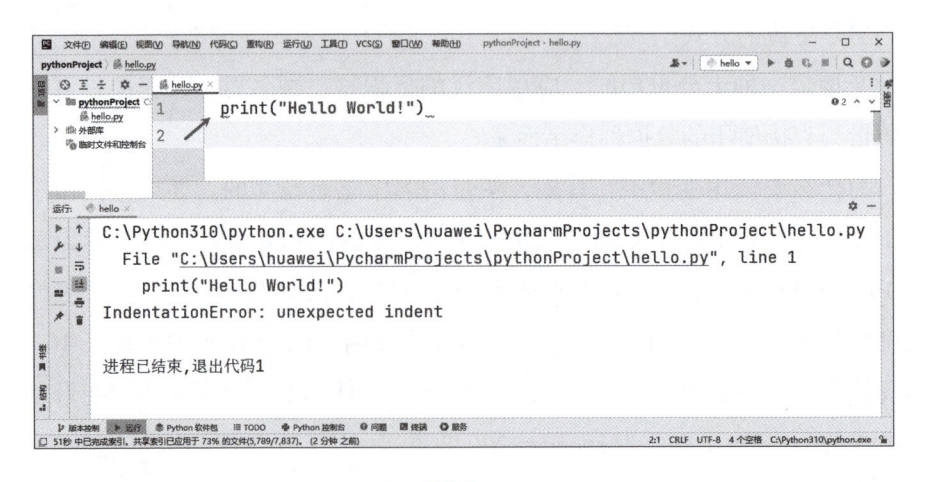

图 2-1

图 2–2 同样是由于缩进不正确出现的报错。if 3 > 0 是一个判断语句，当条件满足时需要执行一些语句，然而第二行的 print("Hello World!") 没有缩进，也就意味着这两行代码是平级的关系。修正错误，需要给第二行增加缩进，如图 2–3 所示。

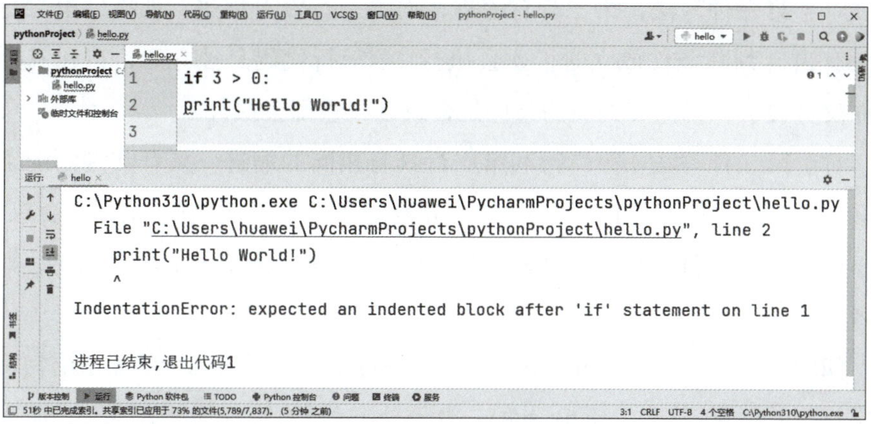

图 2-2

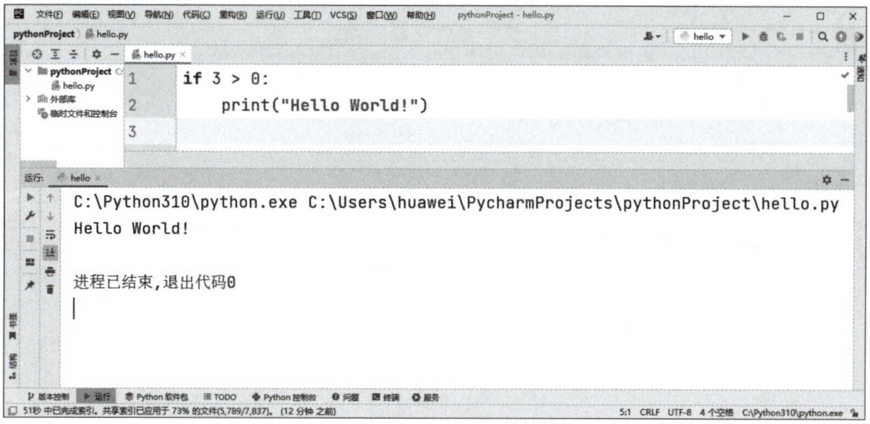

图 2-3

思考：以下两种写法有什么区别？

写法一：

```
if 3 > 0:
    print("Hello World!")
print("OK")
```

助学答疑

写法二：

```
if 3 > 0:
    print("Hello World!")
    print("OK")
```

对于第一种写法，第二行有缩进，而第三行没有缩进。那么，第二行代码只有当 if 判断条件成立时，才会执行；第三行代码是独立的，它和 if 判断条件没有关系，无论 if 判断的条件是否成立，它都会执行。

对于第二种写法，第二行和第三行具有相同的缩进。只有 if 判断的条件成立，第二行和第三行才会执行；如果 if 判断条件不成立，它们全都不会执行。

再次，标识符在使用之前必须先创建。标识符就是各种各样的名字，如变量名。

如图 2-4 所示，变量 n 通过 n = 100 进行了赋值，第二行的输出语句可以正常执行。而第三行，print(result)，由于 result 没有在任何地方定义，所以解释器将报错（NameError），也就是名称错误。

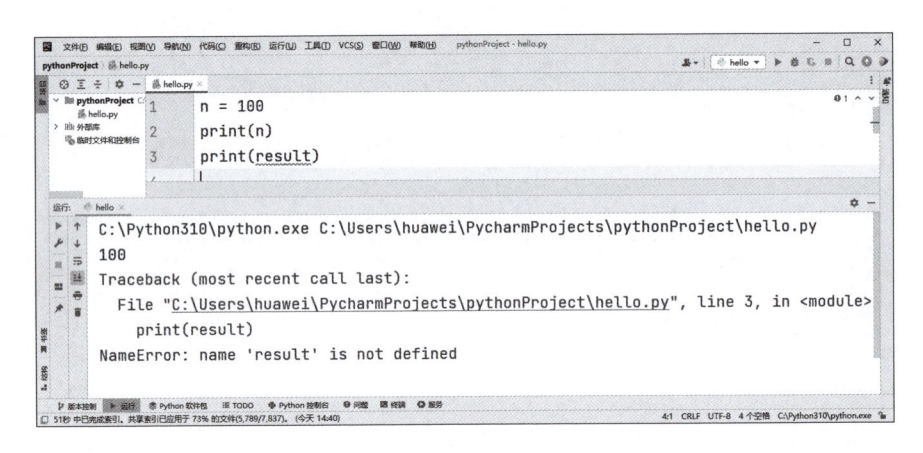

图 2-4

最后，注释。Python 使用 # 来添加注释。注释用于解释代码，但不会被执行。

```
# 这是一个注释
print("Hello, World!")    # 这也是一个注释
```

小技巧：在 PyCharm 中，可以选中多行代码，按组合键 **Ctrl+/** 进行批量注释；再按一次，批量取消注释。

上述提及的四点，构成了 Python 编程中最为核心且关键的语法要素。掌握它们，便能踏上一段充满挑战与乐趣的 Python 探索之旅了。

2.2.4　程序运行方式

Python 语句的运行方式主要有三种：顺序执行、分支执行（也称为条件执行）和反复执行（也称为循环执行）。下面我们逐解这三种方式。

1. 顺序执行

顺序执行是 Python 程序的基本执行方式。Python 解释器会按照程序中代码的书写顺序，一行一行地执行代码。这种执行方式是最简单也是最直观的。

```
print(" 这是第一行代码 ")
print(" 这是第二行代码 ")
print(" 这是第三行代码 ")
```

在这个示例中，三行代码会按照它们在程序中的顺序依次执行。

2. 分支执行（条件执行）

分支执行，也称为条件执行，意味着程序会根据某些条件（或称为"判断"）来决定执行哪一部分代码。Python 中使用 if、elif 和 else 关键字来实现分支执行。多分支有多个条件，一旦某个条件成立，就会执行对应的代码，其他条件不再判断。也就是说，多分支语句只会执行一个分支，哪个判断条件先成立，就会执行相关语句，其他的将不会执行。

```
x = 10
if x > 5:
    print("x 大于 5")
elif x < 5:
    print("x 小于 5")
else:
    print("x 等于 5")

print(" 结束 ")
```

在这个示例中，变量 x 的值是 10，大于 5，所以第一个判断条件就成立了，将会执行 print("x 大于 5")；而 elif 和 else 都不再执行。print(" 结束 ") 语句不在判断语法结构中，它会执行。

3. 反复执行（循环执行）

反复执行，也称为循环执行，意味着程序会重复执行某一部分代码，直到满足某个条件为止。Python 中有多种循环结构，包括 for 循环和 while 循环。

▶ for 循环。通常用于遍历序列（如列表、元组、字典等）或者迭代其他可迭代对象。一般来说，循环次数是确定的、可以提前预知的，采用 for 循环。

```
fruits = ["apple", "banana", "cherry"]
for fruit in fruits:
    print(fruit)
```

在这个示例中，我们把一个列表赋值给变量 fruits。接下来，for 循环遍历这个列表，逐一把列表中的每个水果字符串取出，并赋值给变量 fruit，之后再进行输出。

▶ while 循环。根据一个条件来重复执行代码块，只要条件为真，循环就会继续执行。一般来说，循环次数不确定时，采用 while 循环。

```
i = 1
while i <= 5:
    print(i)
    i += 1
```

这个示例，变量 i 的初始值是 1。只要它的值小于或等于 5，都会执行 while 循环体中的两条语句。*i += 1* 的意思是把变量 i 的值加 1。

在本示例中，循环的次数是确定的，所以也可以使用 for 循环完成。

2.3　数据结构

在 Python 中，数据类型定义了存储在变量中的数据的种类，以及可以对这些数据执行的操作。

2.3.1　数值型

数字无论是在现实生活中，还是在编写代码时，都十分常见。有些语言对数字的分类有着精确的约定，如 C 语言把数字分成整型、长整型、短整型、无符号整型、单精度、双精度等。

然而，Python 的数值型数据非常简单，它主要可以分为整型（Integer）和浮点型（Float）。整型表示整数，可以是正数、负数或 0，如 123、–456。浮点型表示浮点数，即有小数点的数字，如 3.14、–2.718。

> Python 也支持复数，复数不在我们的讨论范围之内。

2.3.2 字符串

Python 中的字符串是一种非常常用的数据类型，用于存储和操作文本数据。简单的字符串可以使用单引号或双引号创建。在有些语句中，单引号和双引号有不同的作用，但是在 Python 中，单引号和双引号具有相同的含义。

以下两种写法完全相同：

```
s1 = 'Hello World!'
s2 = "Hello World!"
```

引号采用配对闭合原则，所以下面的写法是不对的：

```
line = 'tom's hat'
```

原本想定义一个字符串表示 tom 的帽子，但是 tom 两边的单引号已经闭合，其后的字符 Python 就无法解析了。因此，在这种情况下，可以使用双引号包含单引号：

```
line = "tom's hat"
```

同样，字符串中间如果出现了双引号，则可以通过单引号定义字符串：

```
s1 = 'Tom said:"Nice to meet you".'
```

Python 还可以使用三引号（三个连续的双引号或三个连续的单引号）来保存字符串的格式。在需要保存多行文本时，通常会使用三引号。

```
cities = """北京
上海
广州
深圳
```

杭州 """

字符串提供了很多实用的方法，帮助我们实现对字符串的各种要求，如图 2-5 所示。

```
s1 = "hello world!"
print(s1.upper())      # 转换成大写字母
print(s1.title())      # 每个单词首字母大写
print(s1.center(30))   # 输出宽度30，居中显示
print(s1.islower())    # 判断所有的字母，是不是都是小写
print(s1)              # 字符串方法不会改变原始字符串
```

```
C:\Python310\python.exe C:\Users\huawei\PycharmProjects\pythonProject\hello.py
HELLO WORLD!
Hello World!
         hello world!
True
hello world!

进程已结束,退出代码0
```

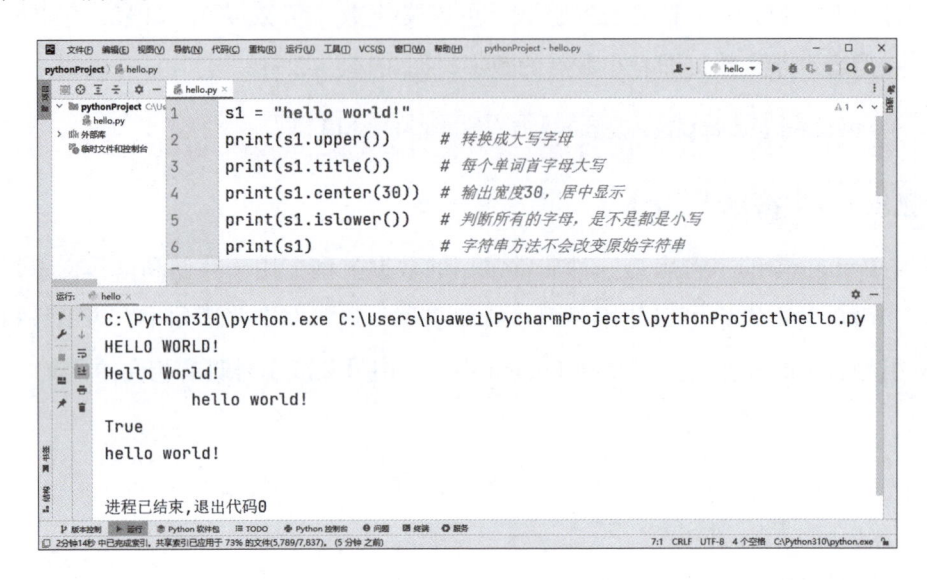

图 2-5

字符串还可以实现拼接和重复操作。拼接操作使用加号（+），简单地把字符串合并到一起；重复操作使用乘号（*），可将给定的字符按指定的次数重复输出，如图 2-6 所示。

```
s1 = "Hello"
s2 = "World"
print(s1 + s2)
print('*' * 30)
print(s1 * 5)
```

```
C:\Python310\python.exe C:\Users\huawei\PycharmProjects\pythonProject\hello.py
HelloWorld
******************************
HelloHelloHelloHelloHello

进程已结束,退出代码0
```

图 2-6

第 2 章　Python 编程概览

此外，当我们需要在字符串中嵌入变量时，f-string 功能便显得尤为实用。只需在字符串前添加 'f' 或 'F'，并在字符串内部使用花括号（{}）来包裹变量，即可轻松实现变量的动态插入，如图 2-7 所示。

```
name = "张三"
age = 25
print(f"{name}已经{age}岁了")
```

```
C:\Python310\python.exe C:\Users\huawei\PycharmProjects\pythonProject\hello.py
张三已经25岁了

进程已结束,退出代码0
```

图 2-7

注意，数字如果加上引号，就不是数字了，它只是"长得像数字的字符串"。这就像你在手机店里看到了一个手机模型，虽然外观很像手机，但是它并不具备手机的功能。数字是可以做加、减、乘、除四则运算的，而数字字符串则不能，如图 2-8 所示。

```
a = "10"
b = 5
print(a + b)    # 字符串与数字不能拼接，也不能相加
```

```
C:\Python310\python.exe C:\Users\huawei\PycharmProjects\pythonProject\hello.py
Traceback (most recent call last):
  File "C:\Users\huawei\PycharmProjects\pythonProject\hello.py", line 3, in <mod
    print(a + b)
TypeError: can only concatenate str (not "int") to str

进程已结束,退出代码1
```

图 2-8

029

最后，可以在字符串前加上 r 表示"原始字符串"。

在图 2-9 中，变量 path 表示 C 盘下的 newdir 目录，但是 Python 将反斜杠（\）与字母 n 组合到一起，形成了一个转义字符，表示换行。所以输出的结果成为两行字符。为了解决这个问题，可以用两个反斜杠（\\）表示路径分隔符，或者在字符串前加上字母 r，表示字符串中的每个字符都代表它本身字面上的含义，如图 2-10 所示。

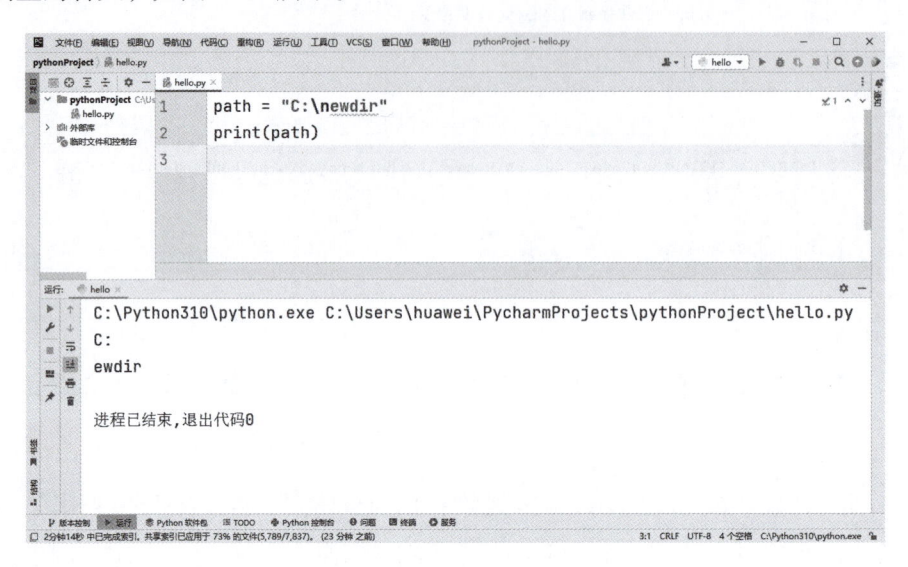

图 2-9

图 2-10

2.3.3 列表

Python 中的列表（List）是一种非常常用的、灵活且功能强大的数据结构，它允许存储任意类型的元素（如整数、浮点数、字符串，甚至其他列表）在一个有序的集合中。列表是动态数组的一种实现，这意味着可以随时添加或删除元素，而列表会自动调整其大小。

在编程过程中，如果需要用到两个数字，则可以创建两个变量来表示。但是如果需要 100 个数字或 10000 个数字呢？创建 100 个、10000 个变量显得过于呆板。这时，列表就可以派上用场了。

Python 中的列表类似于其他语言的数组，但在功能和使用上更为灵活和强大。与许多静态类型语言中的数组不同，Python 的列表是动态的，可以包含任意数量的元素，并且这些元素不用是同一类型。

1. 列表的创建

你可以使用方括号（[]）或 list() 函数来创建一个空列表，或者在方括号内放置用逗号分隔的元素来初始化一个列表。

```python
# 创建一个空列表
empty_list1 = []

# 通过 list 函数创建空列表
empty_list2 = list()

# 创建一个包含元素的列表
my_list = ["张三", 25, "李四", 22]
```

2. 访问列表中的元素

可以通过索引来访问列表中的元素，也可以用"下标"来称呼索引。

```python
fruits = ['apple', 'banana', 'cherry']
print(fruits[0])    # 输出：apple
print(fruits[2])    # 输出：cherry
```

3. 列表的方法

列表支持一系列的方法，以实现对列表的操作，如图 2-11 所示。

```
my_list = [10, 8, 5, 3, 6]
my_list.append(9)          # 在结尾追加9
print(my_list)
my_list.insert(4, 50)      # 在下标4之前插入50
print(my_list)
my_list.sort()             # 升序排列
print(my_list)
my_list.reverse()          # 翻转列表
print(my_list)
```

```
C:\Python310\python.exe C:\Users\huawei\PycharmProjects\pythonProject\hello.py
[10, 8, 5, 3, 6, 9]
[10, 8, 5, 3, 50, 6, 9]
[3, 5, 6, 8, 9, 10, 50]
[50, 10, 9, 8, 6, 5, 3]

进程已结束,退出代码0
```

图 2-11

2.3.4 元组

在 Python 中，元组（Tuple）是一种不可变的序列类型，用于存储一系列不可更改的元素。它相当于一个静态的列表。一旦元组被创建，就不能修改它的内容，也就是说，不能在元组中添加、删除或更改元素。这种不可变性使元组在某些场景下非常有用，比如需要一组常量值，或者希望确保数据不会被意外修改时。

1. 创建元组

创建元组的方法如图 2-12 所示。

```
nums = (10, 8, 30, 50, 9)     # 创建元组
print(nums)
my_list = [3, 9, 6, 5, 4]
my_tuple = tuple(my_list)     # 将列表转换为元组
print(my_tuple)
```

```
C:\Python310\python.exe C:\Users\huawei\PycharmProjects\pythonProject\hello.py
(10, 8, 30, 50, 9)
(3, 9, 6, 5, 4)

进程已结束,退出代码0
```

图 2-12

2. 访问元组中的元素

访问元组中元素的方法，与访问列表的方法一样。

```
nums = (10, 8, 30, 50, 9)
print(nums[1])
```

3. 单元素元组

值得注意的是，如果元组中只有一个元素，则在创建元组时，元素后面必须要有一个逗号，否则它将不是一个元组，具体示例如图 2-13 所示。

图 2-13

2.3.5 字典

在 Python 的众多数据类型中，字典（Dictionary）无疑是一个独特而强大的存在。它以其无序的键 – 值对（key-value）形式，为我们提供了灵活且高效的数据存储和检索方式。

1. 创建字典

在 Python 中，字典是一种可变的数据类型，用于存储一系列无序的键 – 值对。每个键 – 值对之间用逗号分隔，整个字典则包含在一对花括号（{}）中。字典的键（key）必须是唯一的。创建字典的方法如下：

```
player = {
```

```
    "name": "zhangsan",
    "age": 22,
    "gender": "male"
}
```

2. 访问字典中的值

要访问字典中的值，可以使用键作为索引。

```
print(player["name"])
```

3. 添加键 – 值对

向字典添加键 – 值对的方法非常简单，只需指定键和对应的值即可。如果键已经存在，则对应的值将被更新，如图 2-14 所示。

图 2-14

4. 删除键 – 值对

使用 del 语句可以删除字典中的键 – 值对，只需操作 key 即可。

```
del player["email"]
```

5. 字典的方法

可以通过字典的方法实现字典操作，如取出字典的 key、取出字典的 vaule 等，如图 2-15 所示。

第 2 章　Python 编程概览

```
player = {"name": "zhangsan", "age": 22, "gender": "male"}
keys = player.keys()                    # 取出所有的key
values = player.values()                # 取出所有的value
email = player.get("email", "None")     # 取出email对应的value，没有则返回None
print(keys)
print(values)
print(email)
```

```
C:\Python310\python.exe C:\Users\huawei\PycharmProjects\pythonProject\hello.py
dict_keys(['name', 'age', 'gender'])
dict_values(['zhangsan', 22, 'male'])
None
```

图 2-15

2.3.6　集合

集合（Set）可以看作是一个无值的字典。字典中的键必须是唯一的，不能重复，集合中的元素也不能重复；字典是无序的，集合也是无序的；字典用一对花括号（{}）表示，集合也是如此。

1. 创建集合

集合中的元素必须是唯一的，所以在创建集合时，相同的元素只能保留一个。从另一个角度来说，集合可以天然去重。如果需要对列表、元组去重，那么只要把它转换成集合即可，如图 2-16 所示。

```
aset = {1, 2, 3, 4, 1, 2, 3, 4}
alist = [3, 4, 5, 6, 3, 5, 6]
bset = set(alist)     # 将列表转换成集合
print(aset)           # 集合不能有重复元素
print(bset)
```

```
C:\Python310\python.exe C:\Users\huawei\PycharmProjects\pythonProject\hello.py
{1, 2, 3, 4}
{3, 4, 5, 6}

进程已结束，退出代码0
```

图 2-16

035

2. 集合操作

集合最典型的操作就是交集、并集、差补。交集是取出两个集合中都有的元素；并集是取出两个集合中所有（不重复）的元素；差补是取出第一个集合中有，而第二个集合中没有的元素，如图 2-17 所示。

```
aset = {1, 2, 3, 4, 1, 2, 3, 4}
alist = [3, 4, 5, 6, 3, 5, 6]
bset = set(alist)    # 将列表转换成集合
print(aset)          # 集合不能有重复元素
print(bset)
print("交集: ", aset & bset)
print("并集: ", aset | bset)
print("差补: ", aset - bset)
```

```
C:\Python310\python.exe C:\Users\huawei\PycharmProjects\pythonProject\hello.py
{1, 2, 3, 4}
{3, 4, 5, 6}
交集: {3, 4}
并集: {1, 2, 3, 4, 5, 6}
差补: {1, 2}
```

图 2-17

2.4　输入 / 输出

在 Python 编程中，与用户进行交互是常见的需求。为了实现这一目的，Python 提供了两个基本的内置函数：input() 用于接收用户输入，而 print() 用于在屏幕上显示输出。这两个函数构成了 Python 程序与用户交互的基础。

2.4.1　基本输入

input() 函数用于获取用户的输入。它会在控制台上显示一个提示字符串（可选），然后等待用户输入。用户输入的内容会被作为字符串返回。

通过 input() 函数获取的数据，往往还会使用。因此，要把结果保存到变量中，如图 2-18 所示。

第 2 章　Python 编程概览

图 2-18

再次强调，input() 函数的返回值是字符串类型，即使用户输入的是数字，它也会成为字符串形式的数字，不能进行四则运算，如图 2-19 所示。

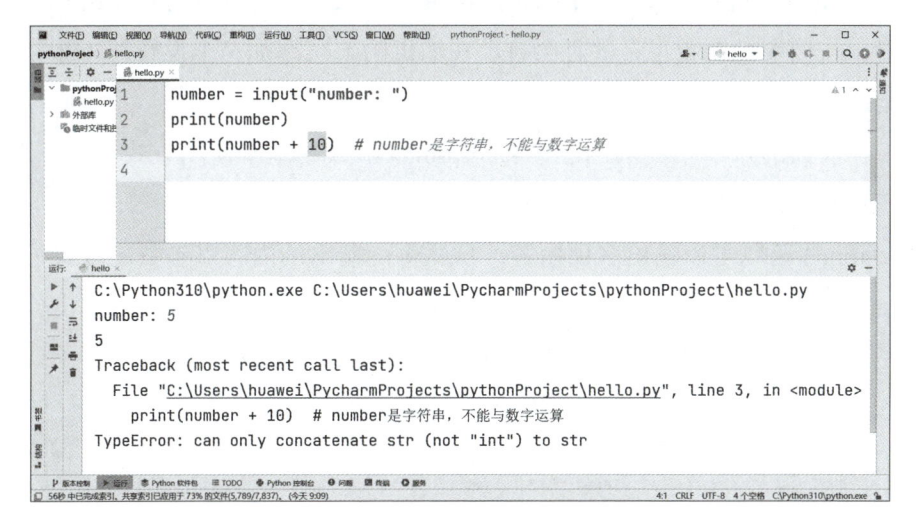

图 2-19

内置函数 int() 可以将字符串形式的数字转换成整数，float() 可以将其转换成浮点数，如图 2-20 所示。

图 2-20

2.4.2 基本输出

print() 可以说是 Python 中最常用的输出函数了。它可以将传递给它的参数显示在终端控制台上，并且会自动在输出的末尾添加一个换行符（除非特别指定）。

在前面的章节中我们已经学习了 print() 函数的基本使用方式。接下来，我们学习它的其他用法。

print() 函数可以输出多项内容，只要将待输出的内容以参数的方式传给 print() 函数即可，函数的参数之间使用逗号分隔。输出时，默认的输出分隔符是空格，可以通过 sep 参数指定分隔符，如图 2-21 所示。

图 2-21

print() 函数默认还会在结尾输出一个换行符，Python 中换行采用 \n 表示。所以，直接执行 print() 语句可以实现换行功能。通过 end 参数，可以自定义结尾字符，如图 2-22 所示。

图 2-22

2.5 函数

2.5.1 定义函数

在 Python 编程中，函数是组织代码、实现功能复用和增强代码可读性的重要工具。函数是一段可重用的代码块，它执行一个特定的任务，并可能返回一个或多个值。通过定义和使用函数，可以将复杂的程序分解为更小、更易于管理的部分。

实现代码重复使用，是函数非常重要的功能。例如，需要输出两行星号，每行 30 个，可以这样实现：

```
for i in range(2):
    print('*' * 30)
```

如果在编写函数的过程中经常要输出两行星号呢？难道每次都要编写这两行代码吗？如果实现的功能需要 10 行、20 行代码，每次也需要反复输入这么多行代码吗？

这时，函数就派上用场了。定义函数，只要通过 def 关键字，给这两行代码起个名字就可以了。例如，将上面两行代码放到函数中，并命名为 pstar。

```
def pstar():
    for i in range(2):
        print('*' * 30)
```

小技巧： 在 PyCharm 中，如果需要对多行文本进行缩进，可以选中待缩进的文本，然后按 Tab 键，代码会向右增加缩进量。每次按 Tab 键都会增加 4 个空格。如果想向左减少缩进量，按组合键 Shift+Tab 即可。

定义好函数后，在执行代码时，函数内的代码并不会执行。定义函数，只是定义了一个功能，这个功能如果需要实现，还需要进行函数调用。函数调用，实际上就是把函数体中的代码执行一遍。调用多次，函数体中的代码也就相应地执行多次，如图 2-23 所示。

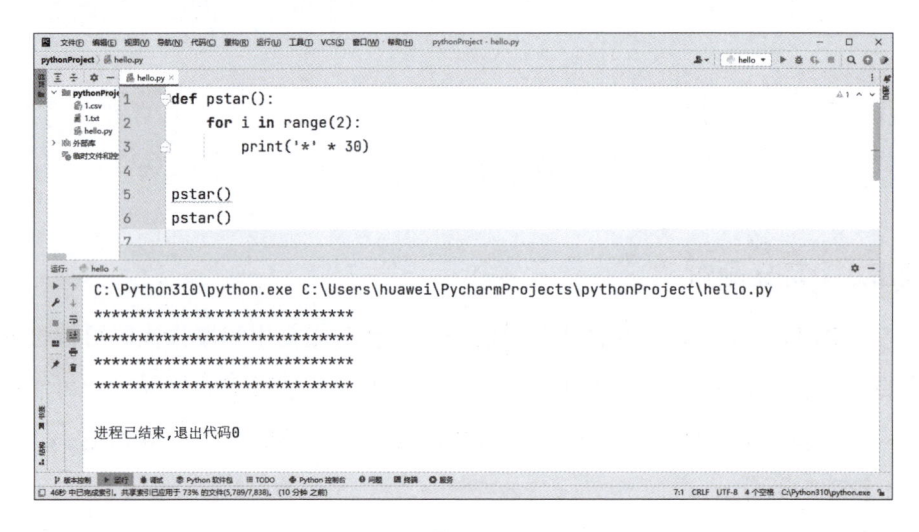

图 2-23

2.5.2 参数

在 2.5.1 小节的例子中，每次调用函数都会输出两行星号，每行 30 个。如果需要输出的星号是 20 个或 50 个怎么办呢？想必你已经注意到了函数名 pstar 后面的括号了，在这个括号里，我们可以添加参数，还可以给参数设置默认值。例如，如果用户不指定输出多少个星号，那就输出 30 个；如果用户给定了具体的值，那就输出指定个数的星号，如图 2-24 所示。

图 2-24

2.5.3 返回值

有时，函数调用完成了，还需要有返回值。返回值是指函数执行之后返回给调用者的结果。函数的返回值用关键字 return 实现，如果函数没有 return 关键字，则默认返回 None。None 也是关键字，表示空。

我们前文定义的 pstar() 函数执行的结果是什么呢？是两行星号吗？注意，并不是！屏幕上出现了两行星号，是 print() 函数的作用。而 pstar() 函数没有使用 return 关键字，因此，返回值是 None，如图 2-25 所示。

图 2-25

在图 2-26 中定义了一个名为 myadd 的函数，它接收两个参数。这两个参数相加之后，赋值给变量 result。那么当调用函数之后，函数的返回值是多少呢？

图 2-26

执行之后，我们发现实际的执行结果是一个字符串：Hello World!。这是因为函数的关键字 return 返回的是这一字符串，而 result = x + y 这一行代码，在这里则毫无意义。

2.6 DeepSeek 解析代码结构

2.6.1 自动添加注释

代码是给人看的，也是给机器执行的。特别是对于复杂的逻辑或算法，注释能解释代码的功能、设计思路，让其他开发者（甚至是未来的自己）快速理解代码的用途。

当项目需要更新或修改时，注释能帮助开发者快速定位和理解代码，降低维护成本和出错概率。

代码注释可以采用单行或多行的注释方式。

（1）单行注释：以 # 开头，从 # 到行尾的内容都会被视为注释。

（2）多行注释：使用三个单引号（'''）或三个双引号（"""）来包裹多行注

释内容。

在执行代码时，注释并没有实际的作用，编写又费时费力。这时，我们可以调用 AI 的代码自动注释功能。

例如，有以下代码，我们希望为函数添加注释。

```
import random
import sys
import string
all_chs = string.ascii_letters + string.digits
def randpass(n=8):
    result = ""
    for i in range(n):
        ch = random.choice(all_chs)
        result += ch
    return result

print(randpass())
n = int(sys.argv[1])
print(randpass(n))
```

如图 2-27 所示，单击函数上面的 AI 按钮，选择"生成注释"，之后右侧的"智能问答"窗口中将会生成注释，单击"插入"按钮就完成了。

图 2-27

结果如图 2-28 所示。

图 2-28

2.6.2 解释代码

在编程学习过程中，阅读已有的优质代码是提升编程技巧的重要方式。遇到无法理解的代码，则可以调用 AI 插件的"代码解释"功能。先选中需要解释的代码，然后在对话框中输入 /explain 指令，按 Enter 键后 AI 会进行详细的解析，如图 2-29 所示。

图 2-29

2.7 DeepSeek 知识点总结

本章我们快速了解了 Python 编程中的各种结构，本节我们使用 DeepSeek 编写一个 Python 案例，来演示本章所涉及的知识点。

提示词：编写一个具体的 Python 案例，演示编程中用到的各种语法元素，包含函数、数字、字符串、列表等数据类型，并添加注释。

DeepSeek 生成结果：

下面是一个具体的 Python 案例，其中包含了函数、数字、字符串、列表等数据类型，功能是实现对学生成绩的管理，包括添加学生信息、计算平均成绩、查找成绩最高的学生等。

```python
# 定义学生列表，每个学生是一个字典，包含姓名和成绩
students = []

# 定义添加学生信息的函数
def add_student(name, grade):
    student = {
        "name": name,
        "grade": grade
    }
    students.append(student)
    print(f"已添加学生 {name}，成绩为 {grade}")

# 定义计算平均成绩的函数
def calculate_average_grade():
    if not students:
        return 0
    total_grades = sum(student["grade"] for student in
                    students)
    return total_grades / len(students)

# 定义查找成绩最高的学生的函数
def find_top_student():
    if not students:
```

```python
        return None
    top_student = max(students, key=lambda x: x["grade"])
    return top_student

# 添加学生信息
add_student("Alice", 85)
add_student("Bob", 92)
add_student("Charlie", 78)

# 计算平均成绩
average_grade = calculate_average_grade()
print(f"所有学生的平均成绩是：{average_grade}")

# 查找成绩最高的学生
top_student = find_top_student()
if top_student:
    print(f"成绩最高的学生是 {top_student['name']},成绩为 {top_student['grade']}")
```

追问：总结一下这段代码都用到了哪些知识点？

DeepSeek 回答：

1. 数据类型

· 列表（List）：代码里的 students 是一个列表，其用途是存储多个学生的信息。列表属于可变的数据类型，能够存储任意数量和类型的元素，而且支持元素的追加、删除等操作。例如 students.append(student) 就是往列表里添加元素。

· 字典（Dictionary）：每个学生的信息以字典形式呈现，像 {"name": name, "grade": grade} 这样，字典里的键（name 和 grade）是字符串类型，值则可以是不同类型，这里 name 对应的值是字符串，grade 对应的值是数字。

· 字符串（String）：如 "name""grade" 以及学生姓名（像 "Alice""Bob" 等）都是字符串类型，用于表示文本信息。

· 数字（Number）：学生的成绩（如 85、92、78）属于数字类型，在代码中用来表示具体的数值。

2. 函数（Function）

· 函数定义：代码里定义了三个函数，分别是 add_student、calculate_average_grade 和 find_top_student。函数是一段可重复使用的代码块，它接收输入参数，完成特定任务并返回结果。

- 函数调用：在代码的主程序部分调用了这些函数，如 add_student("Alice", 85) 调用 add_student 函数添加学生信息，calculate_average_grade() 调用函数计算平均成绩等。

3. 控制流与内置函数

条件判断：在 calculate_average_grade 和 find_top_student 函数中，使用 if not students: 语句来判断列表是否为空，从而避免对空列表进行计算操作引发错误。

4. 内置函数

- sum() 函数：在 calculate_average_grade 函数中，sum(student["grade"] for student in students) 用于对所有学生的成绩求和。
- max() 函数：在 find_top_student 函数中，max(students, key=lambda x: x["grade"]) 借助 max 函数找出成绩最高的学生。
- len() 函数：在 calculate_average_grade 函数中，len(students) 用于获取学生列表的长度。

5. 循环与生成器表达式

生成器表达式：在 calculate_average_grade 函数里，student["grade"] for student in students 是一个生成器表达式，它能够逐个生成学生的成绩，进而被 sum 函数求和。

6. 格式化输出

使用 f-string 进行字符串格式化输出，例如 print(f"已添加学生 {name}, 成绩为 {grade}")，能把变量的值插入到字符串中，让输出更加直观和方便。

如果哪个部分还需要进一步解释，可以继续追问。当然，也可以继续完成后续章节的学习，以便更有针对性地与 DeepSeek 进行交流。

第 3 章　数字、字符串与判断

3.1　数字

在 Python 中，数字可以分成整数和浮点数。其中，整数在应用时，不仅会用到十进制数，还会涉及二进制数、十六进制数，并且还会涉及二进制数与十六进制数的转换、二进制数与十进制数的转换等。

在 Python 中，如果一个整数没有前缀，表示的是十进制数；如果表示的是十六进制数，前缀为 0X 或 0x，如 0X11；二进制数的前缀为 0b 或 0B；八进制数的前缀为 0o 或 0O（第二个字符为字母 o）。

3.1.1　十六进制数与二进制数

在网络通信中，经常会涉及 MAC 地址和 IP 地址。MAC 地址由 48 个二进制数构成，为了方便，人为地将二进制数转换成十六进制数。这样，MAC 地址就成了 12 个十六进制数。

IPv6 地址由 128 位二进制数构成，为了方便，人为地将每 16 位二进制数之间用冒号隔开，并转换成十六进制数。

在 Windows 系统中，使用命令 ipconfig /all 可以查看 MAC 地址和相应的 IPv6 地址，如图 3–1 所示。

二进制数和十六进制数怎么转换呢？可以先看二进制数与十六进制数的对应关系。

从表 3–1 可以看出，4 位二进制数正好对应 1 个十六进制数。4 位二进制数的最大值 0b1111，正好对应了十六进制数的最大值 0xF。由此，可以得出结论，1 个十六进制数，可以表示成 4 位二进制数 0 和 1 的组合。

第 3 章 数字、字符串与判断

图 3-1

表 3-1 二进制数与十六进制数对照表

二进制数	十六进制数
0000	0
0001	1
0010	2
0011	3
0100	4
0101	5
0110	6
0111	7
1000	8
1001	9
1010	A
1011	B
1100	C
1101	D
1110	E
1111	F

另外，4 位二进制数，从左向右依次代表十进制的 8、4、2、1，加起来是 15，对应的是十六进制数的 F。所以二进制数与十六进制数的转换，可以用简单的加减法来实现，如 0b1001 可通过 8+1=9，得到十六进制数 0x9；0b1010 可通过 8+2=10，得到十六进制数 0xA。反过来 0xD 对应十进制数 13，正好是 8+4+1，二进制数为 0b1101。

当然，如果通过 Python 来实现进制转换，也是十分方便的。bin() 函数可以将整数转换为二进制数，hex() 函数可以将整数转换为十六进制数，如图 3-2 所示。

图 3-2

3.1.2 十进制数与二进制数

网络中的设备仍然广泛采用 IPv4 地址。IPv4 地址由 32 位二进制数构成，为了方便，人为地将每 8 位二进制数用英文句点分隔，再把 4 段二进制数转换为十进制数。这种表示方法称作点分十进制表示法。因此，二进制数与十进制数的转换，也是网络工程师在工作中经常会涉及的转换。

二进制数从右向左，每一位代表的数值都翻一倍。8 位二进制数，每一位可代表的数值见表 3-2。

表 3-2 二进制数与十进制数对照表

二进制数	1	1	1	1	1	1	1	1
十进制数	128	64	32	16	8	4	2	1

如果 8 位二进制数所有的位都是 1，那么 8 位二进制数最大可表示的十进制数是 255。可以得出一个结论，那就是任何一个 0 ~ 255 之间的十进制整数，都可以表示成 8 位二进制数。根据每一位二进制数所代表的十进制值，使用加减法就可以实现二进制数与十进制数之间的转换了。如 0b11001101，换算成 10 进制数为 128+64+8+4+1=205。反之亦然，10 进制数 168 等于 128+32+8，表示成二进制数是 0b10101000，如图 3-3 所示。

```
print(bin(205))          # 十进制转换为二进制
print(0b10101000)        # 默认以十进制进行输出
```

```
C:\Python310\python.exe C:\Users\huawei\PycharmProjects\pythonProject\hello.py
0b11001101
168

进程已结束,退出代码0
```

图 3-3

3.1.3 八进制数

偶尔会用到八进制数,如 Linux 系统中表示文件读、写、执行权限的数字就是八进制数。八进制数正好是十六进制数的一半,用十六进制数与其他进制数转换的方法,同样适用于八进制数与其他进制数的转换。

在 Python 中,oct() 函数可以将整数转换成八进制数,如图 3-4 所示。

```
print(oct(100))          # 十进制转换为八进制
print(oct(0b110))        # 二进制转换为八进制
print(oct(0xA6))         # 十六进制转换为八进制
```

```
C:\Python310\python.exe C:\Users\huawei\PycharmProjects\pythonProject\hello.py
0o144
0o6
0o246

进程已结束,退出代码0
```

图 3-4

3.2 字符串

无论 Python 应用在哪个领域，字符串都是一种基础且不可或缺的数据类型。它允许我们存储和操作一系列字符，这些字符可以是字母、数字、标点符号或任何其他的字符（如中文字符）。

3.2.1 定义字符串

在 Python 中，可以使用单引号（'）、双引号（"）或三引号（'''或"""）来创建字符串。不管使用单引号还是双引号，都代表相同的含义，三引号适用于创建多行、有格式的字符串。

可以在 cmd 命令行中输入 python 并按 Enter 键，进入 Python 的控制台。假设需要定义变量 names，每行一个名字，无论是单引号还是双引号，都不能方便地定义。当输入完一个名字，按 Enter 键后，Python 已经开始报错，并且无法再继续输入，如图 3-5 所示。

图 3-5

如果使用三引号，问题就迎刃而解了，如图 3-6 所示。

图 3-6

在 Python 的控制台中，直接输入变量名后按 Enter 键，变量的值也会回显出来，这一点和在 PyCharm 中运行代码不一样。在 PyCharm 中运行代码，如果没有 print，终端不会有任何输出。

如图 3-6 所示的结果，定义变量 names 时使用了三引号，但是直接通过查看 names 变量，发现在 Python 的内部并不存在三引号。取而代之的是，每个名字后面都有一个 \n。在 Python 中，\n 是一个转义字符，表示换行；另一个常用的转义字符是 \t，表示一个制表符，相当于在输入文字时，按一下 Tab 键。

因此，完全可以使用单引号或双引号，结合 \n 来实现多行文本的输入，如图 3-7 所示。

图 3-7

3.2.2 字符串索引和切片

字符串是一个序列对象，即字符串是有顺序的。字符串从左向右，每个字符的索引，也叫下标，值从 0 开始；从右向左，下标值从 –1 开始。通过下标，可以取出对应的字符，如图 3-8 所示。

图 3-8

也可以切取字符串的一个片断，即字符串切片。切片时，使用起始下标和结束下标进行定位，定位的原则是"含头去尾"：起始下标对应的字符包含，结束下标对应的字符不包含，如图 3-9 所示。

```
s1 = 'python'
print(s1[2:4])      # 打印下标为2和3的字符th
print(s1[2:10])     # 切片时，下标允许越界
print(s1[6])        # 只取单个字符，下标越界将会报错
```

```
C:\Python310\python.exe C:\Users\huawei\PycharmProjects\pythonProject\hello.py
th
thon
Traceback (most recent call last):
  File "C:\Users\huawei\PycharmProjects\pythonProject\hello.py", line 4, in <module>
    print(s1[6])        # 只取单个字符，下标越界将会报错
IndexError: string index out of range
```

图 3-9

切片时，起始下标未指定，表示从头开始取；结束下标未指定，表示取到结尾；起始下标、结束下标都不指定，表示从开头取到结尾，如图 3-10 所示。

```
s1 = 'python'
print(s1[:2])       # 打印从开头到下标为2的字符
print(s1[2:])       # 打印从下标为2到结尾的字符
```

```
"C:\Program Files\Python310\python.exe" C:\Users\huawei\PycharmProjects\pythonProject\hello.py
py
thon

进程已结束，退出代码0
```

图 3-10

切片时，还可以通过第二个冒号后面的数字指定步长值，步长值默认是 1，如图 3-11 所示。

```
s1 = 'python'
print(s1[::2])      # 打印第1、3、5位置的字符
print(s1[1::2])     # 打印第2、4、6的字符
print(s1[::-1])     # 反向输出所有字符
```

```
C:\Python310\python.exe C:\Users\huawei\PycharmProjects\pythonProject\hello.py
pto
yhn
nohtyp

进程已结束,退出代码0
```

图 3-11

3.2.3 字符串成员关系判断

可以通过 in 和 not in 进行成员关系判断，返回的结果为 True 或 False，如图 3-12 所示。

```
s1 = 'python'
print('t' in s1)        # 字符串t在s1中吗？
print('th' in s1)       # 字符串th在s1中吗？
print('to' in s1)       # to两个字符虽然出现在s1中，但是不连续。
print('to' not in s1)   # to不在s1中吗？
```

```
C:\Python310\python.exe C:\Users\huawei\PycharmProjects\pythonProject\hello.py
True
True
False
True

进程已结束,退出代码0
```

图 3-12

3.2.4 字符串方法

字符串有很多方法，初次接触时，可能会感慨：怎么有这么多方法啊！实际上，我们应该感到高兴，因为如果字符串没有这些方法，相关的功能还是需要的，那就需要我们自己去实现这些功能。有了字符串方法，只需简单调用即可。字符串常用的方法，如图 3-13 ~ 图 3-19 所示。

```
s1 = 'cool python'
s2 = 'HELLO TEDU'
print(s1.upper())    # 字母转大写
print(s2.lower())    # 字母转小写
print(s1)            # 原始字符串不会改变
print(s2)
```

```
C:\Python310\python.exe C:\Users\huawei\PycharmProjects\pythonProject\hello.py
COOL PYTHON
hello tedu
cool python
HELLO TEDU
```

图 3-13

```
s1 = 'cool python'
print(s1.title())                      # 每个单词首字符大写
print(s1.replace('o', 'a'))            # 所有的o替换成a
print(s1.replace('thon', 'charm'))     # 字符串替换
```

```
C:\Python310\python.exe C:\Users\huawei\PycharmProjects\pythonProject\hello.py
Cool Python
caal pythan
cool pycharm
```

图 3-14

第 3 章 数字、字符串与判断

```
s1 = 'cool python'
print(s1.index('th'))    # 返回th的下标,找不到则报错
print(s1.find('th'))     # 查找th,查到返回下标,查不到返回-1
print(s1.find('to'))
print(s1.count('o'))     # 统计字符o出现的次数
```

```
C:\Python310\python.exe C:\Users\huawei\PycharmProjects\pythonProject\hello.py
7
7
-1
3
```

图 3-15

```
s1 = '123456'
s2 = 'hao123'
print(s1.isdigit())      # 如果全部是数字字符返回True,否则返回False
print(s2.isalnum())      # 如果全部是字母、数字、下划线则返回True,否则为False
print(s1.isalpha())      # 如果全部字符均为字母则返回True,否则为False
```

```
C:\Python310\python.exe C:\Users\huawei\PycharmProjects\pythonProject\hello.py
True
True
False
```

图 3-16

```
s1 = 'hao123'
s2 = 'HELLO WORLD'
print(s1.islower())        # 如果字符串中的字母都是小写返回True,否则为False
print(s2.isupper())        # 如果字符串中的字母都大写返回True,否则为False
print(s1.isidentifier())   # 如果是合法标识符,返回True,否则为False
```

```
C:\Python310\python.exe C:\Users\huawei\PycharmProjects\pythonProject\hello.py
True
True
True
```

图 3-17

```
s1 = 'hao123'
print(s1.center(30, '*'))      # 总宽度30个字符，居中显示，两侧填充*号
print(s1.ljust(30, '*'))       # 总宽度30个字符，左对齐，右侧填充*号
print(s1.rjust(30, '*'))       # 总宽度30个字符，右对齐，左侧填充*号
```

```
C:\Python310\python.exe C:\Users\huawei\PycharmProjects\pythonProject\hello.py
*************hao123*************
hao123**************************
**************************hao123
```

图 3-18

```
l1 = ["hello", "world", "China", "tedu"]
s1 = "Hello {}, {}"
s2 = "Hello {1}, {0}"                      # 数字对应format函数中的参数位置
print('.'.join(l1))                        # 用.拼接列表中的字符串
print(s1.format("zhangsan", "lisi"))       # 用两个字符串按顺序替换s1中的{}
print(s2.format("wangwu", "zhaoliu"))      # wangwu替换{0}，zhaoliu替换{1}
```

```
C:\Python310\python.exe C:\Users\huawei\PycharmProjects\pythonProject\hello.py
hello.world.China.tedu
Hello zhangsan, lisi
Hello zhaoliu, wangwu
```

图 3-19

3.2.5 原始字符串

在 Python 中，原始字符串（raw string）是一种特殊的字符串表示形式，主要用于避免将反斜杠（\）作为转义字符。在原始字符串中，所有的反斜杠都被视为普通字符，不执行任何转义功能。这意味着在原始字符串内，诸如 \n（换行）、\t（制表符）等转义序列将被当作字面量对待，不会被解析成相应的特殊字符。

原始字符串在处理路径、正则表达式或任何需要保留反斜杠作为普通字符的场景中非常有用。例如，在 Windows 路径中，反斜杠（\）很常见，而在正则表达式中，许多字符（包括"\"）都有特殊意义。使用原始字符串可以避

免不必要的转义，使代码更加清晰和简洁。

原始字符串通过在字符串前面加上一个小写字母 r 或大写字母 R 来声明，如图 3-20 所示。

```
win_path = "C:\newdir"      # 此处\n转义为回车
wpath = "C:\\newdir"        # 使用\n表示\n
wpath2 = r"C:\newdir"       # 原始字符串避免了\\的写法
print(win_path)
print(wpath)
print(wpath2)
```

```
C:\Python310\python.exe C:\Users\huawei\PycharmProjects\pythonProject\hello.py
C:
ewdir
C:\newdir
C:\newdir
```

图 3-20

3.2.6 格式化字符串字面量

f-string（格式化字符串字面量）是一种用于格式化字符串的现代且便捷的方式，它从 Python 3.6 版本开始引入。f-string 允许在字符串内部直接嵌入表达式，这些表达式的值将在字符串构建时计算并插入字符串中相应的位置。

f-string 的特点是它以字母 f 或 F 开头，后面紧跟字符串字面量。在字符串中，可以使用花括号（{}）包围变量名或任意合法的表达式，这些表达式会被求值，并将其结果转换为字符串后插入字符串中，如图 3-21 所示。

```
name = "zhangsan"
age = 25
message = f"{name} is {age} years old."
print(message)
```

```
C:\Python310\python.exe C:\Users\huawei\PycharmProjects\pythonProject\hello.py
zhangsan is 25 years old.

进程已结束,退出代码0
```

图 3-21

f-string 还支持格式化选项，这些选项可以在花括号内的表达式后面指定，如指定宽度、对齐方式、小数点后的位数等。

```
year = 2024
month = 7
day = 15
# month和day的格式被指定为两位数，如果数字小于10，前面会自动补零
date = f"当前日期：{year}-{month:02d}-{day:02d}"
print(date)
```

```
C:\Python310\python.exe C:\Users\huawei\PycharmProjects\pythonProject\hello.py
当前日期：2024-07-15

进程已结束，退出代码0
```

图 3-22

3.2.7 字节串

字节串（Byte strings）是一种专门用于处理二进制数据的数据类型。字节串由一系列字节组成，每个字节是一个取值范围为 0 ~ 255 的整数，它们通常用于网络通信、文件 I/O 操作，以及与编码和解码相关的任务。

字符串由一系列的字符构成，一个英文字符对应一个字节，而一个汉字则由多个字节构成。字节串和普通字符串（str 类型）之间可以相互转换，通常使用 encode() 和 decode() 方法，如图 3-23 所示。

```
s1 = "md5值"
b1 = s1.encode()   # 将字符串s1转为字节串
s2 = b1.decode()   # 将字节串b1转回原来的字符串
print(b1)
print(s2)
```

```
C:\Python310\python.exe C:\Users\huawei\PycharmProjects\pythonProject\hello.py
b'md5\xe5\x80\xbc'
md5值

进程已结束，退出代码0
```

图 3-23

3.3 运算符

当需要进行运算时,就要根据不同的目的选择合适的运算符。本节将对常见运算符进行分类,并逐一详细介绍。

3.3.1 算术运算符

算术运算符就是常用的加、减、乘、除,与我们平时所理解的完全一样,不必过多赘述,如图 3-24 所示。

图 3-24

求余数又称"模运算",使用 % 来表示;幂运算使用 ** 表示;而 // 表示"地板除",也就是返回离结果最近、最小的整数,如图 3-25 所示。

图 3-25

3.3.2 赋值运算符

使用一个等号（=）表示赋值运算。赋值运算是自右向左进行的，也就是先将等号右侧的表达式进行计算，得到的结果再赋值给等号左侧的变量。如"a = 10 + 3"，要先计算等号右侧的"10 + 3"，结果是 13，再把 13 赋值给 a，而不是把表达式"10 + 3"赋值给 a。

Python 还支持加法赋值运算符，如图 3-26 所示。

图 3-26

图中的"n += 5"，相当于"n = n + 5"。需要注意的是，这里的等号不是判断，而是赋值。赋值运算是自右向左进行的，运算时，先计算"n + 5"，从代码的第一行得知 n 的值是 10，所以"n + 5"的结果为 15，再把 15 赋值给等号左侧的变量 n。

同样的道理，Python 也支持减法赋值运算符（–=）、乘法赋值运算符（*=）、除法赋值运算符（/=）等。

3.3.3 比较运算符

比较运算的结果是 True 或 False。常见的操作符有大于运算符（>）、大于或等于运算符（>=）、小于运算符（<）、小于或等于运算符（<=）、等于运算符（==）和不等于运算符（!=）。

这些运算符与我们日常使用的运算符是一致的，具体示例如图 3-27 所示。

第 3 章 数字、字符串与判断

```
x = 10
print(x > 5)
print(x >= 20)
print(x < 20)
print(x <= 10)
print(x == 10)
print(x != 10)
```

```
C:\Python310\python.exe C:\Users\huawei\PycharmProjects\pythonProject\hello.py
True
False
True
True
True
False
```

图 3-27

3.3.4 逻辑运算符

逻辑运算通常是指"与""或""非"操作。与运算和或运算需要两个条件，因此它们又称"双目运算符"；而非运算只有一个条件，因此又称"单目运算符"，具体示例如图 3-28 所示。

```
x = 10
y = 20
print(x > 5 and y > 5)   # 两个条件全为True，结果才为True
print(x > 5 and y < 5)   # 两个条件只要有一个为False，结果就是False
print(x > 5 or y < 5)    # 只要两个条件有一个为True，结果就是True
print(x < 5 or y < 5)    # 两个条件全部是False，结果才是False
print(not x < 5)         # x < 5为False，取反为True
print(not x > 5)         # x > 5为True，取反为False
```

```
C:\Python310\python.exe C:\Users\huawei\PycharmProjects\pythonProject\hello.py
True
False
True
False
True
False
```

图 3-28

Python 还提供了一个实用的功能，那就是连续比较。连续比较看起来非

063

常简洁，书写效率也十分高效，具体示例如图 3-29 所示。

图 3-29

图 3-29 中的第二种写法（5 < x > 8）没有语法错误，但是可读性较差，并不推荐。

3.4 判断语句

判断语句属于分支语句，也就是说在判断语句中，可以对多种情况进行判断，只有最接近顶部的、满足条件的分支才会被执行。

3.4.1 基本判断

判断语句可以只有一个条件，如果满足条件（判断结果为 True），则执行相应的代码；如果不满足条件（判断结果为 False），则继续执行判断语句之后的代码，流程如图 3-30 所示。需要注意的是，True 和 False 都是 Python 中的关键字，区分大小写。另外，注意判断语句后面的冒号，既不能丢，也不能写成中文全角格式，否则会出现错误，如图 3-31 所示。

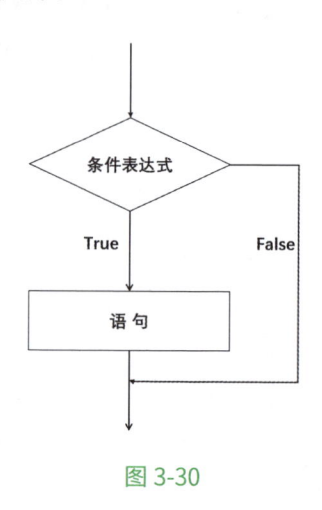

图 3-30

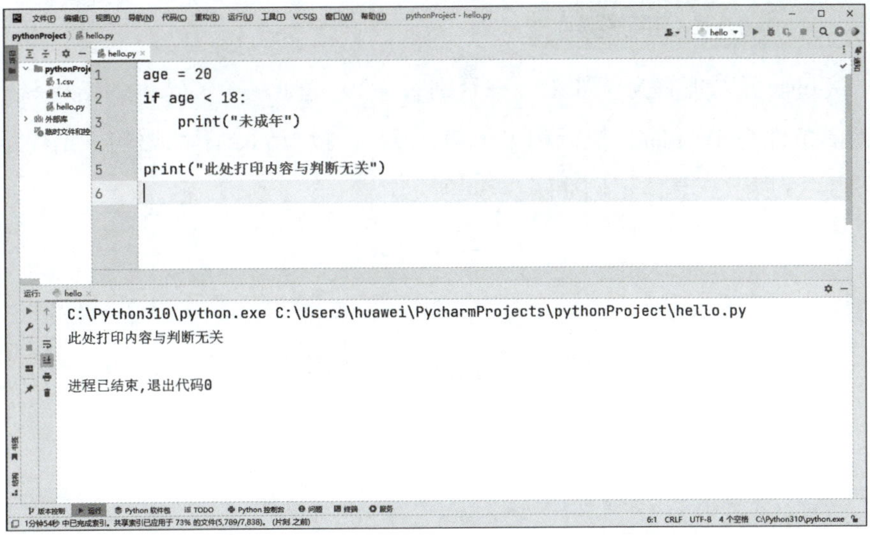

图 3-31

3.4.2 判断条件

判断条件一般来说是一个表达式，结果为 True 或 False。但是数据类型也可以单独当作判断条件，任何类型的空值都是 False，非空值为 True，如图 3–32 所示。

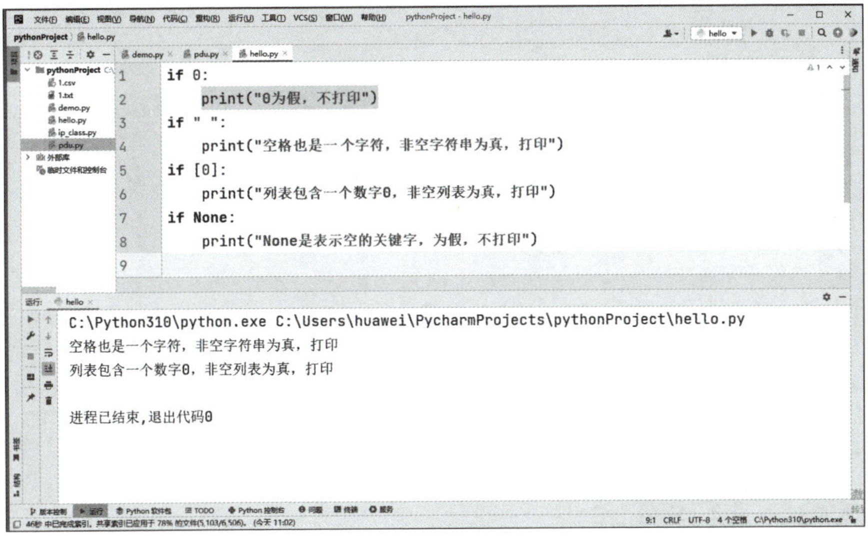

图 3-32

助学答疑

3.4.3 if-else 语句结构

if-else 可以理解为"如果……否则……",这是一个二选一的结构。当 if 后面的条件为 True 时,执行相关语句;否则,执行 else 下的语句,结构示例如图 3-33 所示,具体示例如图 3-34 所示。

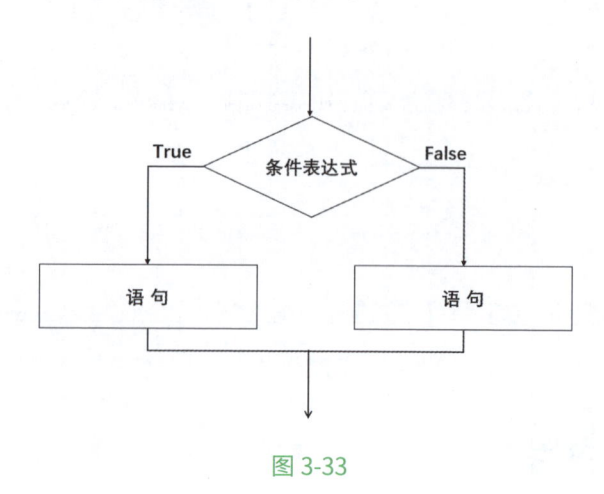

图 3-33

图 3-34

3.4.4 三元运算符

if-else 语句结构还可以写成三元运算符的形式,它允许在单个表达式中进行简单的 if-else 判断。

在图 3-35 中，如果满足条件 age < 18，变量 result 的结果是"未成年"；否则 result 的结果是"已成年"。

```
age = 20
result = "未成年" if age < 18 else "已成年"
print(result)
```

```
C:\Python310\python.exe C:\Users\huawei\PycharmProjects\pythonProject\hello.py
已成年

进程已结束,退出代码0
```

图 3-35

3.4.5　多分支

如果需要对很多条件进行判断，则需要使用 elif，elif 可以有多个，但是只有最先满足条件的语句会执行，结构示例如图 3-36 所示，具体示例如图 3-37 所示。

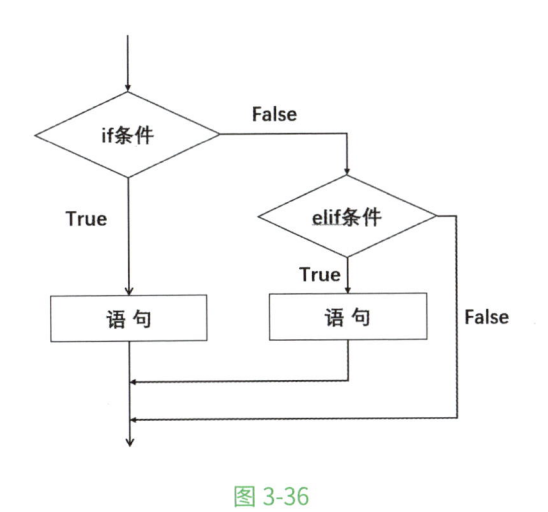

图 3-36

```
score = 100
if score >= 60:
    print("及格")
elif score >= 70:
    print("良")
elif score >= 80:
    print("好")
elif score >= 90:
    print("优秀")
else:
    print("不及格")
```

```
C:\Python310\python.exe C:\Users\huawei\PycharmProjects\pythonProject\hello.py
及格

进程已结束,退出代码0
```

图 3-37

在图 3-37 的例子中，本来希望根据分数 score 来判断成绩的等级，但是由于书写顺序问题，100 分大于 60 分，满足了第一个条件，输出了"及格"，后续的条件就不再判断了，这个输出结果不符合预期。正确的写法如图 3-38 所示。

```
score = 100
if score >= 90:
    print("优秀")
elif score >= 80:
    print("好")
elif score >= 70:
    print("良")
elif score >= 60:
    print("及格")
else:
    print("不及格")
```

```
C:\Python310\python.exe C:\Users\huawei\PycharmProjects\pythonProject\hello.py
优秀

进程已结束,退出代码0
```

图 3-38

如果想先判断是否及格，也可以采用区间判断的方式，如图 3-39 所示。

第 3 章　数字、字符串与判断

```
1    score = 72
2    if score >= 60 and score < 70:
3        print("及格")
4    elif 70 <= score < 80:    # 多条件也可以用链式连续比较
5        print("良")
6    elif 80 <= score < 90:
7        print("好")
8    elif score >= 90:
9        print("优秀")
10   else:
11       print("不及格")
```

C:\Python310\python.exe C:\Users\huawei\PycharmProjects\pythonProject\hello.py
良

进程已结束,退出代码0

图 3-39

3.5　综合练习

创建名为 ip_class.py 的文件，要求对用户输入的 IPv4 地址进行分类。

（1）程序运行后，要求用户通过键盘输入一个 IP 地址（假设用户输入的一定是正常的 IP 地址）。

（2）根据用户输入的地址，给出该地址的类别。

程序功能如下：

（1）IP 地址通过 input() 函数获取。

（2）获取的 IP 地址是一个字符串，通过字符串的 split() 方法，可以用句点作为分隔符，把 IP 地址的 4 段放到列表里。

（3）将列表中的第一项转换成整数数字。

（4）如果数字介于 1 到 127，输出"A 类"；如果数字介于 128 到 191，输出"B 类"；如果数字介于 192 到 223，输出"C 类"。

参考代码，如图 3-40 所示。

图 3-40

3.6 DeepSeek 助力解决常见语法和逻辑错误

3.6.1 DeepSeek 助力解决语法错误

如图 3-41 所示，代码因为有语法错误，无法运行。此时，在对话框中输入："帮我检查代码有哪些错误导致了程序无法运行"。

DeepSeek 指出了判断是否相等应该使用两个等号（==），而不能是一个等号（=），因为一个等号（=）表示赋值，而非比较。

图 3-41

还可以直接在对话框中输入 /fix 并按 Enter 键，如图 3-42 所示。

图 3-42

3.6.2 DeepSeek 助力解决逻辑错误

以下代码根据用户的成绩进行分类，60 分以下为"不及格"，60 ~ 79 分为"及格"，80 分及 80 分以上为"优秀"，然而运行结果没有达到预期。100 分也输出"及格"，让 DeepSeek 帮助我们找出逻辑上的问题。

在对话框中输入"帮我检查一下代码逻辑，为什么成绩最终不是优秀，而是及格"，DeepSeek 给出的建议如图 3-43 所示。

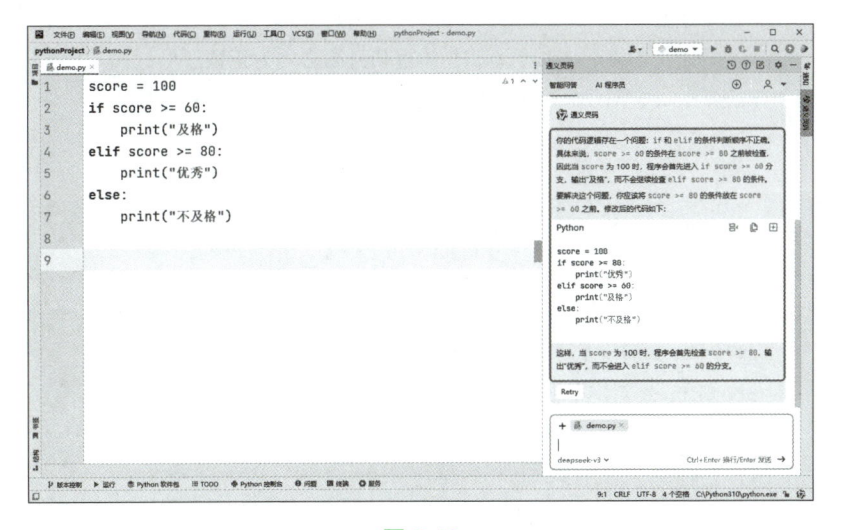

图 3-43

3.7 DeepSeek 知识点总结

本章主要介绍了数字、字符串和判断语句，接下来让 DeepSeek 帮我们写一段代码，看看在实际编程时怎么使用这些知识。

提示词：简单解释一下 BMI 指数，然后编写代码用于 BMI 指数计算。

DeepSeek 生成的答案：

BMI 即身体质量指数（Body Mass Index），它是一个常见的衡量人体胖瘦程度以及是否健康的标准。其计算方式是体重（千克）除以身高（米）的平方。BMI 指数的正常范围通常在 18.5 至 23.9 之间。以下是不同 BMI 指数范围所对应的身体状况：

低于 18.5：体重过轻。

18.5 ~ 23.9：体重正常。

24 ~ 27.9：超重。

28 及以上：肥胖。

```
def calculate_bmi(weight, height):
    """
    此函数用于计算 BMI 指数
    :param weight: 体重（千克）
    :param height: 身高（米）
    :return: 计算得出的 BMI 指数
    """
    if weight <= 0 or height <= 0:
        raise ValueError("体重和身高必须为正数。")
    return weight / (height ** 2)


def get_bmi_category(bmi):
    """
    此函数根据 BMI 指数判断身体状况
    :param bmi: 计算得到的 BMI 指数
    :return: 对应的身体状况描述
    """
    if bmi < 18.5:
        return "体重过轻"
```

```python
        elif 18.5 <= bmi < 24:
            return "体重正常"
        elif 24 <= bmi < 28:
            return "超重"
        else:
            return "肥胖"


if __name__ == "__main__":
    try:
        weight = float(input("请输入你的体重（千克）："))
        height = float(input("请输入你的身高（米）："))
        bmi = calculate_bmi(weight, height)
        category = get_bmi_category(bmi)
        print(f"你的BMI指数是：{bmi:.2f}，身体状况：{category}")
    except ValueError as e:
        print(f"输入错误：{e}")
```

追问：这段代码都用到了哪些编程结构？

DeepSeek 回答：

这段计算BMI指数的代码运用了多种编程结构，以下为你详细分析。

函数结构

函数定义：

calculate_bmi 函数：该函数接收两个参数 weight 和 height，函数体内部对输入参数进行了有效性检查，若输入为非正数则抛出 ValueError 异常，最后按照BMI指数的计算公式 weight / (height ** 2) 进行计算并返回结果。

get_bmi_category 函数：接收一个参数 bmi，依据不同的 BMI 数值范围，使用条件判断语句来返回对应的身体状况描述，如"体重过轻""体重正常"等。

函数调用：在主程序中，通过 calculate_bmi(weight, height) 调用 calculate_bmi 函数计算 BMI 指数，通过 get_bmi_category(bmi) 调用 get_bmi_category 函数获取身体状况描述。

条件结构

if - elif - else 语句：

在 calculate_bmi 函数里，if weight <= 0 or height <= 0: 用于判断输入的体重和身高是否为正数，若不满足条件则抛出异常。

在 get_bmi_category 函数中，if bmi < 18.5:、elif 18.5 <= bmi < 24:、elif 24 <= bmi < 28: 和 else: 构成了多分支条件判断，根据不同的 BMI 指数范围返回相应的身体状况描述。

异常处理结构

try - except 语句：在主程序中，try 块里包含用户输入和函数调用的代码，当用户输入非数字等不合法数据时，float() 函数会抛出 ValueError 异常，except ValueError as e: 捕获该异常并输出错误信息，增强了程序的健壮性。

输入/输出结构

输入：使用 input() 函数获取用户输入的体重和身高，float(input("请输入你的体重（千克）: ")) 和 float(input("请输入你的身高（米）: ")) 会提示用户输入相应信息，并将输入转换为浮点数类型。

输出：使用 print() 函数输出计算结果和提示信息，如 print(f"你的 BMI 指数是:{bmi:.2f}，身体状况:{category}") 以格式化字符串的形式输出 BMI 指数和对应的身体状况。

模块化结构

代码使用了 if __name__ == "__main__": 结构，将主程序代码封装起来，这种结构使得代码作为脚本直接运行时会执行主程序，而作为模块被导入时主程序代码不会执行，增强了代码的可复用性和模块化程度。

第 4 章 列表、元组与循环

4.1 列表

列表（list）是 Python 中常用的数据结构之一，它是一个有序的元素集合。第 3 章介绍的字符串，也是有序的。但是列表是可变的，而字符串不可变，如图 4-1 所示。

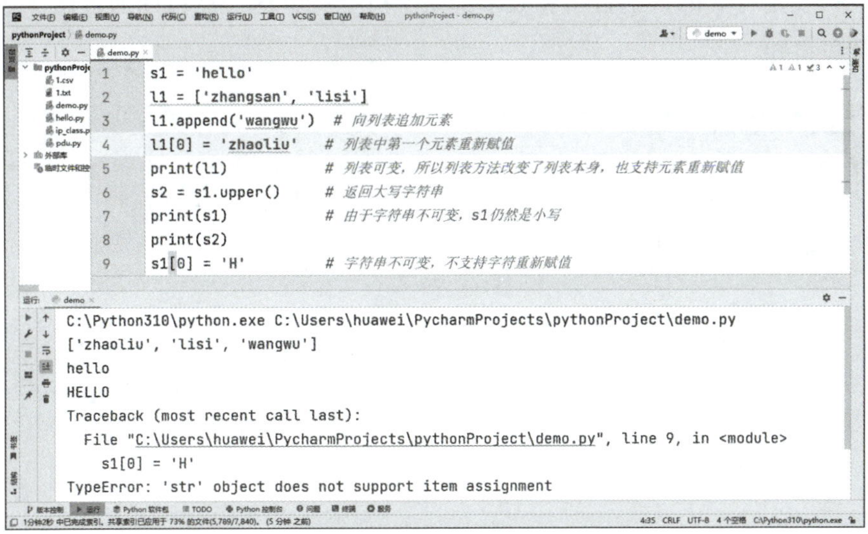

图 4-1

4.1.1 定义列表

列表使用方括号（[]）来定义，元素之间用逗号（,）分隔。列表是一个可变的容器类型，它包含的元素可以是相同的，也可以是不同的，如图 4-2 所示。

```
nums = [10, 8, 20, 39, 50, 42]           # 整数列表
students = ["张三", 25, "李四", 23]       # 列表中既包含字符串，又包含数字
my_list = [[1, 2, 3], [10, 20, 30]]      # 列表中还可以再包含列表
chars = list("abcd")                      # 将字符串转换成列表
print(nums)
print(students)
print(my_list)
print(chars)
```

```
C:\Python310\python.exe C:\Users\huawei\PycharmProjects\pythonProject\demo.py
[10, 8, 20, 39, 50, 42]
['张三', 25, '李四', 23]
[[1, 2, 3], [10, 20, 30]]
['a', 'b', 'c', 'd']

进程已结束,退出代码0
```

图 4-2

列表是可变的，字符串和数字都是不可变的，这一点可以通过图 4-3 中的代码得知。

```
l1 = l2 = ['zhangsan', 'lisi']
s1 = s2 = '王五'
l1[1] = '李四'          # 修改列表l1，列表l2也会随之改变
print("l1:", l1)
print("l2:", l2)
s2 = '赵六'             # s2改变了，s1不会受到影响
print("s1:", s1)
print("s2:", s2)
```

```
C:\Python310\python.exe C:\Users\huawei\PycharmProjects\pythonProject\demo.py
l1: ['zhangsan', '李四']
l2: ['zhangsan', '李四']
s1: 王五
s2: 赵六

进程已结束,退出代码0
```

图 4-3

在对列表、字符串赋值时，采用了链式赋值的方式。这种赋值方式，可以理解成系统为数据分配了相同的内存空间，两个变量都是指向这段内存的指针，如图 4-4 所示。

图 4-4

列表是可变的，本质上是系统为列表分配的内存是可以改变的。因此，当对列表 l1 中的第一个元素重新赋值时，只需把这段内存的内容直接修改即可。而字符串是不可变的，也就是说系统为字符串分配的内存是只读的，无法对只读内存重新赋值，只能开辟一段新的内存。列表、字符串重新赋值的示意图如图 4-5 所示。

图 4-5

理解了可变和不可变对象的区别，再看对列表和字符串重新赋值的代码，就可以很好地理解代码的运行结果了。

4.1.2 列表索引和切片

列表是有顺序的，这和字符串的性质相同。因此，列表索引和切片的方法与字符串完全相同，如图 4-6 所示。

```
nums = [10, 8, 20, 39, 50, 42]
print(len(nums))        # 打印列表长度
print(nums[0])          # 打印第一个元素
print(nums[-1])         # 打印最后一个元素
print(nums[2:5])        # 打印第3到第5个元素（下标从2到4）
print(nums[::2])        # 打印下标是偶数的元素
```

```
C:\Python310\python.exe C:\Users\huawei\PycharmProjects\pythonProject\demo.py
6
10
42
[20, 39, 50]
[10, 20, 50]

进程已结束，退出代码0
```

图 4-6

列表是可变的，所以列表支持对元素重新赋值。在对元素重新赋值时，可以对某一个元素赋值，也可以对多个元素同时赋值，如图 4-7 所示。

```
nums = [10, 8, 20, 39, 50, 42]
nums[0] = 100        # 只对第一个元素重新赋值
print(nums)
nums[2:4] = [1, 3, 5, 7, 9]   # 下标为2、3的元素重新赋值，新值数量可以不一样
print(nums)
```

```
C:\Python310\python.exe C:\Users\huawei\PycharmProjects\pythonProject\demo.py
[100, 8, 20, 39, 50, 42]
[100, 8, 1, 3, 5, 7, 9, 50, 42]

进程已结束，退出代码0
```

图 4-7

4.1.3 列表方法

Python 为列表提供了一系列内置的方法来操作它们，这些方法让列表在数据处理和算法实现中变得非常灵活和强大。

列表是可变的，所以列表中的很多方法将会改变列表本身。比如可以向列表添加元素或移除元素，如图 4-8 所示。

```
nums = [10, 8, 20, 39, 50, 42]
nums.append(100)          # 在尾部追加数字100
nums.insert(1, 200)       # 在下标为1的位置前插入数字200
print("追加、插入后的nums:", nums)
n = nums.pop()            # 默认弹出最后一个元素并返回
print(n)                  # 打印nums.pop()的返回值
nums.pop(0)               # 弹出下标为0的元素
print("弹出两个元素后的nums: ", nums)
```

```
C:\Python310\python.exe C:\Users\huawei\PycharmProjects\pythonProject\demo.py
追加、插入后的nums: [10, 200, 8, 20, 39, 50, 42, 100]
100
弹出两个元素后的nums:  [200, 8, 20, 39, 50, 42]

进程已结束，退出代码0
```

图 4-8

第 4 章 列表、元组与循环

- l.append()：向列表尾部追加元素。
- l.insert(i,x)：在下标为 i 的位置之前插入元素。
- l.pop(i)：弹出下标为 i 的元素。

需要注意的是，列表的 pop() 方法使用下标作为参数，移除元素的同时，还会把弹出的元素返回。也可以用 remove() 方法按值移除元素，但是 remove() 方法的返回值是 None，None 是 Python 的关键字，表示"空"。

- l.remove(x)：按值移除列表中的元素。
- l.clear()：清空列表，如图 4-9 所示。

```
nums = [10, 8, 20, 39, 50, 42, 10]
n = nums.remove(10)    # 移除第一个出现的10
print(n)               # 没有返回值
print(nums)
nums.clear()           # 清空列表
print(nums)
```

```
C:\Python310\python.exe C:\Users\huawei\PycharmProjects\pythonProject\demo.py
None
[8, 20, 39, 50, 42, 10]
[]

进程已结束,退出代码0
```

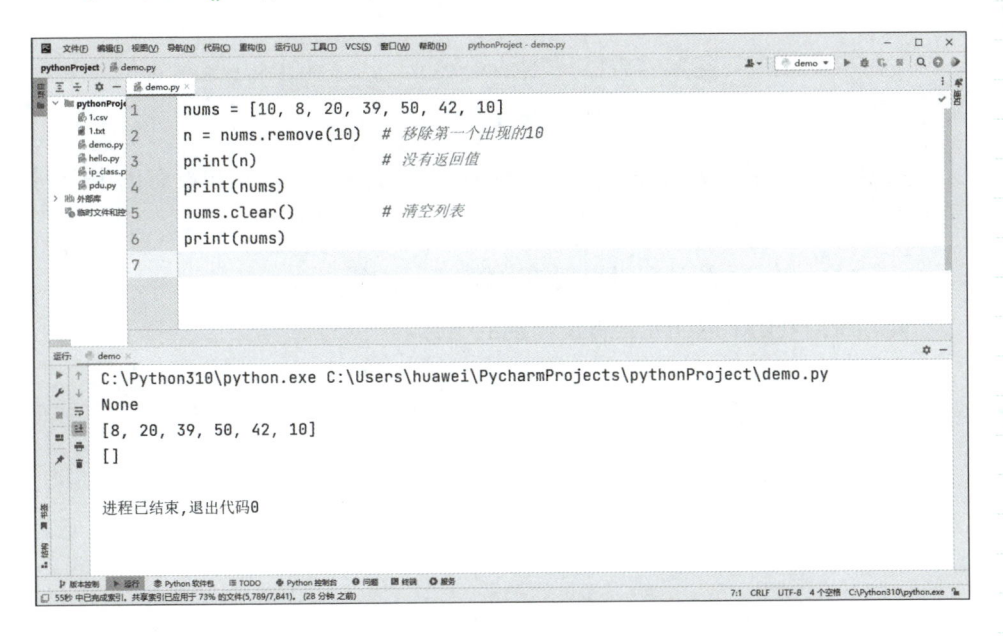

图 4-9

列表还支持批量添加元素、排序等方法，所图 4-10 所示。

- l.extend(iterable)：批量向列表中添加元素。
- l.sort(reverse=True)：列表排序，没有参数时默认为升序。
- l.reverse()：翻转列表。

```
nums = [10, 80, 5]
nums.extend([20, 100, 66])    # 向列表中添加3个元素
print(nums)
nums.sort()                    # 默认升序排列
print(nums)
nums.reverse()                 # 翻转列表
print(nums)
```

```
C:\Python310\python.exe C:\Users\huawei\PycharmProjects\pythonProject\demo.py
[10, 80, 5, 20, 100, 66]
[5, 10, 20, 66, 80, 100]
[100, 80, 66, 20, 10, 5]

进程已结束，退出代码0
```

图 4-10

列表也提供了元素数量统计、下标查询等方法。如果元素没有出现在列表中，index() 方法将会抛出异常，如图 4-11 所示。

▶ l.count(x)：统计元素出现的次数。

▶ l.index(x)：返回元素首次出现的下标。

```
nums = [10, 80, 5, 20, 100, 66, 10]
c = nums.count(10)         # 统计数字10出现的次数
ind1 = nums.index(10)      # 返回第一个10的下标
print(c)
print(ind1)
ind2 = nums.index(30)      # 列表中没有30，报错
```

```
C:\Python310\python.exe C:\Users\huawei\PycharmProjects\pythonProject\demo.py
2
0
Traceback (most recent call last):
  File "C:\Users\huawei\PycharmProjects\pythonProject\demo.py", line 6, in <module>
    ind2 = nums.index(30)
ValueError: 30 is not in list
```

图 4-11

4.1.4 列表推导式

列表推导式是 Python 里一种很便捷的语法，它便于用户用一种简洁的方式创建列表。简单来说，就是能快速地根据已有的数据或条件生成一个新的列表。

它的基本格式是：[表达式 for 变量 in 可迭代对象]。这里的"表达式"就是所要对每个元素做的操作，"变量"临时用于代表可迭代对象中的每个元素，"可迭代对象"就是像列表、元组、字符串等可以一个一个地取出元素的对象。

需要注意的是，列表推导式中用到的 for 循环语法将在 4.4 节中介绍。

例如，想得到一段 IP 地址，可以使用图 4-12 所示的列表推导式方法。

图 4-12

在列表推导式中，还可以通过 if 条件判断进行过滤，如图 4-13 所示。

图 4-13

4.2 元组

4.2.1 元组基础

元组（tuple）是 Python 里一种很常用的数据类型，它和列表有些相似，都是用于存放多个数据的容器。需要注意的是，元组一旦被创建，里面的元素就不能再修改了。

当不希望在程序运行过程中意外修改一些数据时，就可以使用元组。在运维工作中，服务器的配置信息（如服务器的 IP 地址、端口号等）一旦确定，就不应该随意改变。

元组的创建方法很简单，用小括号把元素括起来，元素之间用逗号隔开即可。如果元组中只有一个元素，后面也要加个逗号，如图 4-14 所示。

图 4-14

4.2.2 元组方法

元组与列表有很多相似性，由于元组不可变，它的方法相当于列表方法的子集。元组只有两个方法：count() 方法用于统计元素出现的次数，index() 方法用于返回元素的下标，如图 4-15 所示。

```
servers = ("web", "db", "storage", "web")
print(servers.count("web"))    # 统计web出现的次数
print(servers.index("db"))     # 返回db的下标
```

```
C:\Python310\python.exe C:\Users\huawei\PycharmProjects\pythonProject\demo.py
2
1

进程已结束,退出代码0
```

图 4-15

4.2.3 元组作为函数的返回值

大部分函数都只有一个返回值，但这并不是必需的。return 可以返回多个结果，这些值实际上是被放在一个元组中返回的。

在我们检查服务器的运行状态时，如果服务器运行异常，一方面要返回它的状态；另一方面最好还要将原因也一起返回，如图 4-16 所示。

```
def check_server():
    is_ok = False
    err_msg = "端口冲突"
    return is_ok, err_msg

result = check_server()              # 接收函数返回值
print(type(result),"---", result)    # 打印返回值类型及内容
ok, err = check_server()             # 多重赋值
print(f"服务器状态：{ok} 错误信息：{err}")
```

```
C:\Python310\python.exe C:\Users\huawei\PycharmProjects\pythonProject\demo.py
<class 'tuple'> --- (False, '端口冲突')
服务器状态：False 错误信息：端口冲突

进程已结束,退出代码0
```

图 4-16

4.3 while 循环

4.3.1 循环概述

可以将需要反复执行的代码放在循环结构中，循环结构就像是一个神奇的"魔法圈"，能让计算机反复去做同一件事情，直到满足特定的条件才停下来。在 Python 中，循环的实现有两种方法。当循环次数不确定、不可预知时，通常采用 while 循环；当循环次数确定、可预知时，一般采用 for 循环。

4.3.2 while 循环使用基础

while 的基础语法结构与 if 类似，只不过 while 后面的条件是反复判断的，如果为真，则执行循环体内（缩进部分）的代码，直到 while 条件为假时，循环结束，while 循环流程示意图如图 4-17 所示。

在图 4-18 中，程序接收用户输入的文字，如果得到的是 end，则结束循环；否则，只输出用户输入的文字。

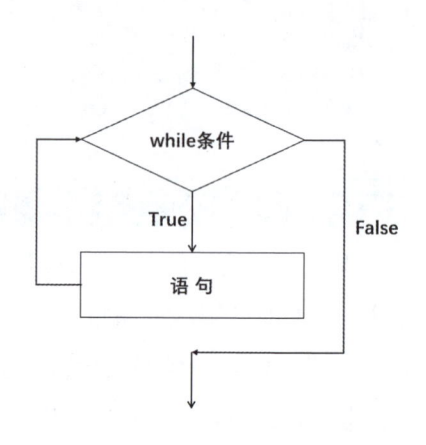

图 4-17

图 4-18

经典的循环案例还有累加。如果想得到从 1 累加到 100 的结果该如何编写代码呢？可以想象有一个空桶，用变量 sum 表示，值为 0。接下来，开始向桶中放入豆子，豆子用变量 i 来表示，第一次放一个豆子（i=1），第二次放两个豆子（i=2），第三次放三个豆子（i=3），依次类推，直到 i 的值为 100。用代码的方式表达如图 4-19 所示。

```
sum = 0
i = 1
while i < 101:
    sum += i      # 将i的值累加至sum
    i += 1        # 每次循环，i的值自增1
print(f"1累加到100的和为: {sum}")
```

```
C:\Python310\python.exe C:\Users\huawei\PycharmProjects\pythonProject\demo.py
1累加到100的和为: 5050

进程已结束,退出代码0
```

图 4-19

4.3.3 continue 语句

continue 是一个很有用的控制语句，它能灵活地控制循环的执行流程。当程序在循环里执行到 continue 语句时，它会立即跳过当前这一轮循环中 continue 语句后面的代码，然后直接开始下一轮循环。

在数字累加的案例中，把 100 以内的每个数字都进行了累加，如果只想得到偶数之和呢？把奇数跳过去，就可以了。

循环不使用 continue 语句，每次给 i 的值加 2 是不是也可以呢？当然可以。

代码中 if 的判断条件可以直接写为 i%2，因为 i%2 的值不是 1 就是 0。对于数字来说，0 表示假，非 0 表示真。

else 语句也是可以省略的。if-else 结构是二选一执行。在本例中，因为 sum += i 出现在 continue 语句下方，所以没有 else 语句也能实现相同的效果，如图 4-20 所示。

图 4-20

简化后的代码如图 4-21 所示。

图 4-21

4.3.4 break 语句

break 语句就像是一个"紧急停止按钮"，当程序在循环中执行到 break 语句时，会立即终止整个循环，不管循环的条件是否还满足，也不管循环体中还有多少代码没执行，都会直接跳出循环，继续执行循环后面的代码。

前文接收用户输入的例子，还可以像图 4-22 这样实现。

图 4-22

由于执行 break 语句后，会直接跳出循环，因此 print 语句也就不需要再放到 else 语句中了。

4.3.5　else 语句

需要注意的是，这里提到的 else 并不是判断语句中的 else。在 Python 中，循环也有 else 语句。当循环被 break 语句中断时，else 语句不会执行。如果循环条件不再为真，导致循环结束才会执行 else 语句。

在很多情况下，我们都需要输入各种密码。输入密码时一般会有几次机会，如果输入正确则登录成功；如果连续多次输入失败，则会锁定账户一段时间，具体的用法如下：

注意这里 else 的缩进，它与 while 是平级结构。用户输入正确的密码后，执行了 break 语句，else 中的语句不会执行。如果用户连续 3 次输入错误的密码，循环条件不再为真，else 中的语句便得到了执行机会，如图 4-23 所示。

```
attempt = 0
while attempt < 3:
    attempt += 1
    password = input("password: ")
    if password == "123456":
        print("登录成功")
        break
    print("登录失败，请重试。")
else:
    print("账户锁定5分钟")
```

```
C:\Python310\python.exe C:\Users\huawei\PycharmProjects\pythonProject\demo.py
password: 1
登录失败，请重试。
password: 2
登录失败，请重试。
password: 3
登录失败，请重试。
账户锁定5分钟
```

图 4-23

4.4　for 循环

4.4.1　for 循环使用基础

for 接收一个可迭代对象（如字符串、列表、元组等）作为取值对象，每次迭代其中一个元素。for 循环流程示意图如图 4-24 所示。

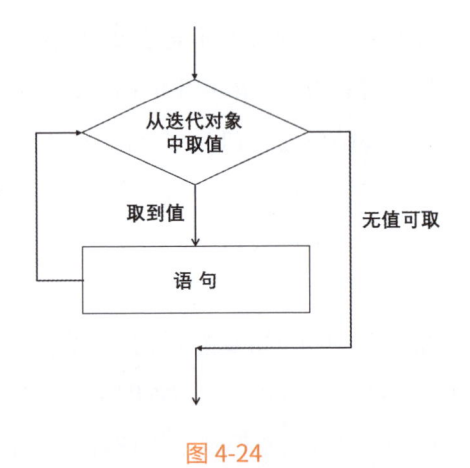

图 4-24

当遍历字符串、列表和元组时，是将被遍历对象中的每一项取出赋值给 for 后面的变量；而当遍历字典时，将会把字典中的键取出，通过键获取值，如图 4-25 所示。

第 4 章 列表、元组与循环

```
device = "路由器"
services = ["nginx", "mysqld", "php-fpm"]
user = {"name": "admin", "password": "123456"}
for ch in device:            # 取出字符串中的每个字符
    print(ch)
for svc in services:         # 取出列表中的每个字符
    print(svc)
for key in user:             # 取出字典中的键
    print(key, user[key])
```

```
路
由
器
nginx
mysqld
php-fpm
name admin
password 123456
```

图 4-25

4.4.2　range() 函数

　　for 循环主要用在次数确定的循环中，那么如何控制循环的次数呢？例如，想通过 for 循环计算 1 累加到 100 的结果，要循环 100 次，是不是需要提前生成 1 到 100 的数字列表呢？这时可以使用 range() 函数。

　　range() 函数经常与 for 循环结合使用，是一个用于生成不可变整数序列的内置函数。要注意它返回的是一个 range 对象，而不是列表，这主要出于性能考虑。range 对象占用更少的内存空间，每次可以从 range 对象取出一个整数。

　　图 4-26 中的 list 也是一个内置函数，可以将迭代对象转换成列表。使用 range() 函数时，并不需要进行列表转换，这里只是为了展示 range() 函数产生的数字范围。

　　range() 函数可以接收 3 个参数，即 range(start, stop, step)，分别是起始值、结束值和步长值。如果只给定一个参数，则其表示结束值，起始值默认是 0，真正生成的结束值是 stop－1，如图 4-27 所示。

　　结合使用 for 循环与 range() 函数，实现计算 1 累加到 100 的结果，代码将会变得更简洁，如图 4-28 所示。

089

```
r = range(10)      # 返回range对象
print(r)
nums = list(r)     # 将range对象转换成列表
print(nums)
```

```
C:\Python310\python.exe C:\Users\huawei\PycharmProjects\pythonProject\demo.py
range(0, 10)
[0, 1, 2, 3, 4, 5, 6, 7, 8, 9]

进程已结束,退出代码0
```

图 4-26

```
print(list(range(10)))
print(list(range(6, 10)))
print(list(range(1, 10, 2)))
```

```
C:\Python310\python.exe C:\Users\huawei\PycharmProjects\pythonProject\demo.py
[0, 1, 2, 3, 4, 5, 6, 7, 8, 9]
[6, 7, 8, 9]
[1, 3, 5, 7, 9]

进程已结束,退出代码0
```

图 4-27

```
sum = 0
for i in range(1, 101):
    sum += i
print(sum)
```

```
C:\Python310\python.exe C:\Users\huawei\PycharmProjects\pythonProject\demo.py
5050

进程已结束,退出代码0
```

图 4-28

range() 函数的步长值参数也可以是负数，如图 4-29 所示。

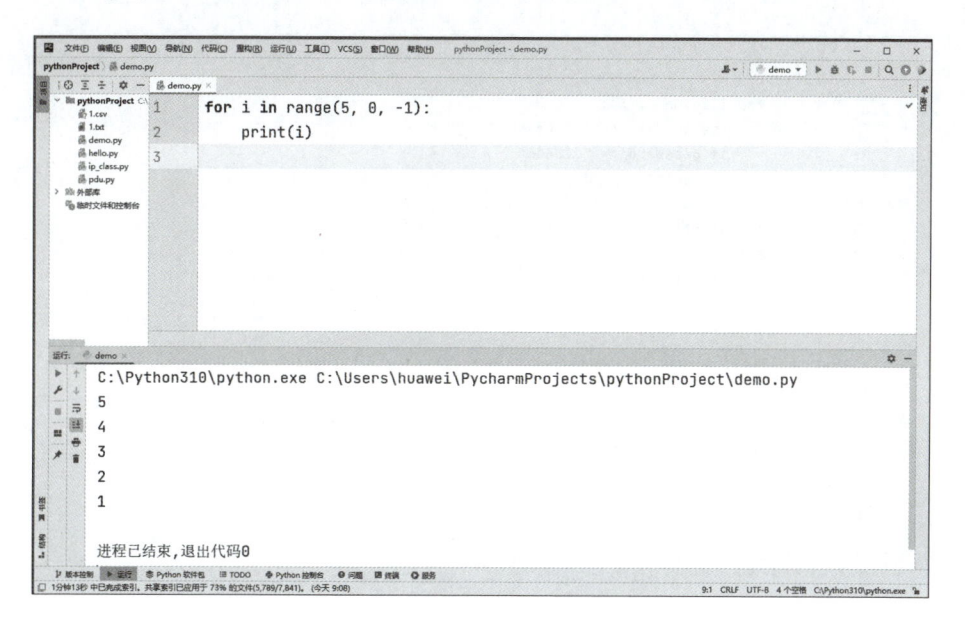

图 4-29

for 循环中同样可以使用 continue、break 和 else，与 while 循环中的用法完全相同。要计算 100 以内的偶数之和，实现方式如图 4-30 所示。

图 4-30

模拟用户登录失败 3 次锁定用户的实现方式如图 4-31 所示。

```
for i in range(3):
    password = input("password: ")
    if password == "123456":
        print("登录成功")
        break
    print("密码错误，请重试。")
else:
    print("账户锁定5分钟")
```

```
C:\Python310\python.exe C:\Users\huawei\PycharmProjects\pythonProject\demo.py
password: 123
密码错误，请重试。
password: 234
密码错误，请重试。
password: 345
密码错误，请重试。
账户锁定5分钟
```

图 4-31

4.5 常用内建函数

在编程过程中，经常要用到一些功能，Python 已经提前为用户准备好了，这些功能就是 Python 的内建函数。前文用到的 print()、input() 都是内建函数。

4.5.1 数学运算类

- abs(x)：返回数字 x 的绝对值。
- round(x, n)：对数字 x 进行四舍五入，保留 n 位小数。
- sum(iterable)：对可迭代对象中的元素求和。
- min(iterable)：返回可迭代对象中的最小值。
- max(iterable)：返回可迭代对象中的最大值。

数学运算类的内建函数示例如图 4-32 所示。

第 4 章 列表、元组与循环

图 4-32

4.5.2 类型转换类

- int(x)：将一个对象转换为整数。
- float(x)：将对象转换为浮点数。
- str(x)：将对象转换为字符串。
- list(iterable)：将可迭代对象转换为列表。
- tuple(iterable)：将可迭代对象转换为元组。
- dict(iterable)：根据可迭代对象创建字典。

类型转换类内建函数示例如图 4-33 所示。

图 4-33

093

4.5.3 序列操作类

▶ len(s)：返回对象（如字符串、列表、元组）的长度或元素个数。

▶ sorted(iterable)：对可迭代对象进行排序，返回新的列表。

▶ reversed(seq)：返回序列 seq 的反序迭代器。

▶ enumerate(iterable)：返回一个枚举对象，包含索引和元素值。

序列操作类内建函数示例如图 4-34 所示。

```
print(len("abc"))                    # 返回字符串长度
print(sorted("hello"))               # 返回字符串排序后的列表
print(reversed("hello"))             # 返回倒序对象
print(list(reversed("hello")))
print(enumerate([10, 20, 30]))       # 返回枚举对象
print(list(enumerate([10, 20, 30])))
```

```
C:\Python310\python.exe C:\Users\huawei\PycharmProjects\pythonProject\demo.py
3
['e', 'h', 'l', 'l', 'o']
<reversed object at 0x000001F7C0257F40>
['o', 'l', 'l', 'e', 'h']
<enumerate object at 0x000001F7C0282740>
[(0, 10), (1, 20), (2, 30)]
```

图 4-34

通过结合使用各种内建函数，可以给编程带来更大的灵活性。通过序列对象的下标遍历可迭代对象可以如图 4-35 这样实现。

```
users = ["zhangsan", "lisi", "wangwu"]
for i in range(len(users)):
    print(f"下标：{i}，用户：{users[i]}")
```

```
C:\Python310\python.exe C:\Users\huawei\PycharmProjects\pythonProject\demo.py
下标：0，用户：zhangsan
下标：1，用户：lisi
下标：2，用户：wangwu

进程已结束,退出代码0
```

图 4-35

enumerate() 和 reverse() 函数类似于 range() 函数，返回的都是一个对象。enumerate() 函数接收一个可迭代对象，返回由下标和值构成的元组对象，也可以由 for 循环进行遍历，如图 4-36 所示。

```
users = ["zhangsan", "lisi", "wangwu"]
for item in enumerate(users):
    print(item)      # item是由下标和值组成的元组

for i, user in enumerate(users):
    print(i, user)   # 下标和值分别赋值给变量i和user
```

```
C:\Python310\python.exe C:\Users\huawei\PycharmProjects\pythonProject\demo.py
(0, 'zhangsan')
(1, 'lisi')
(2, 'wangwu')
0 zhangsan
1 lisi
2 wangwu
```

图 4-36

4.6 综合练习

4.6.1 生成随机密码

创建名为 randpass.py 的文件，用于生成一个随机字符串，可用作密码，也可用作验证码。

（1）通过命令行参数指定字符串长度，运行格式：python3 randpass.py。

（2）生成的字符串长度通过命令行给出，结果输出在终端上。

程序功能如下：

（1）确定字符串由哪些字符构成，本例中采用大小写字母加数字，用这些字符构成一个候选字符集。

（2）通过循环，每次在候选字符集中随机选出一个字符。

（3）将选出的字符拼接成字符串。

（4）随机字符的选择，可以使用 random 模块，命令行参数通过 sys 模块获得。

模块的概念将在第 7 章中详细介绍，这里先进行一个简短的说明。在编程过程中，经常要用到一些功能，这些功能如果全部作为内建函数，会导致 Python 程序过于庞大。所以，我们可以把各种功能分门别类，放到不同的代码文件中，这些代码文件通常以 .py 作为扩展名。模块文件可以包含函数、变量等，访问模块中函数、变量的方法是"模块名.函数""模块名.变量"。

Python 有大量的模块，这些模块默认没有引入程序中，需要使用什么模块，就要用 import 进行导入。

random 模块中的 choice() 函数能够从序列对象中随机选择一个项目。sys 模块中有个 argv 变量，它是一个列表，用于存储命令行参数。

注意图 4-37 的程序需要在终端中通过命令运行。

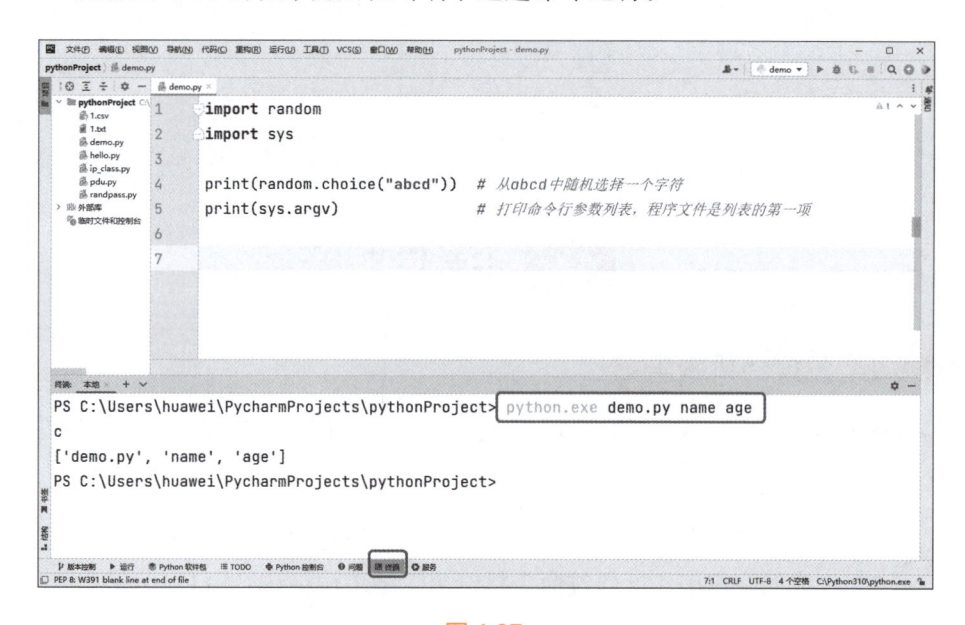

```
import random
import sys

print(random.choice("abcd"))   # 从abcd中随机选择一个字符
print(sys.argv)                # 打印命令行参数列表，程序文件是列表的第一项
```

```
PS C:\Users\huawei\PycharmProjects\pythonProject> python.exe demo.py name age
c
['demo.py', 'name', 'age']
PS C:\Users\huawei\PycharmProjects\pythonProject>
```

图 4-37

参考代码 1 如图 4-38 所示。

```
import random
import sys
all_chs = "abcdefghijklmnopqrstuvwxyzABCDEFGHIJKLMNOPQRSTUVWXYZ0123456789"
result = ""
n = int(sys.argv[1])    # 命令行得到的数据为字符型，需转换成整数
for i in range(n):
    ch = random.choice(all_chs)
    result += ch
print(result)
```

```
PS C:\Users\huawei\PycharmProjects\pythonProject> python.exe .\randpass.py 4
iy2e
PS C:\Users\huawei\PycharmProjects\pythonProject> python.exe .\randpass.py 8
Zs66uEuA
PS C:\Users\huawei\PycharmProjects\pythonProject>
```

图 4-38

参考代码 2 如图 4-39 所示。

```
import random
import sys
import string
all_chs = string.ascii_letters + string.digits    # 使用string模块提供的字符
def randpass(n=8):    # 如果未传入参数，n值默认为8
    result = ""
    for i in range(n):
        ch = random.choice(all_chs)
        result += ch
    return result

print(randpass())
n = int(sys.argv[1])    # 命令行得到的数据为字符型，需转换成整数
print(randpass(n))
```

```
PS C:\Users\huawei\PycharmProjects\pythonProject> python.exe .\randpass.py 6
TSuCjOwu
sGwraC
PS C:\Users\huawei\PycharmProjects\pythonProject>
```

图 4-39

4.6.2 提取字符串

在字符串中提取指定类型的字符串，要求：

（1）原始字符串为 "123#%4hello*world000"。

（2）将字符串中的所有字母提取出来。

分析：

（1）对于提取字母的要求，首先遍历所有的字符串，如果字符串是字母就把它保存到列表中。

（2）判断字符是否为字母，可以用字符串的 isalpha() 方法。

（3）如果要求结果仍然是字符串，再把它们拼接即可。

参考代码 1 如图 4-40 所示。

```python
str1 = "123#%4hello*world000"
str_list = []
for ch in str1:
    if ch.isalpha():
        str_list.append(ch)
print(str_list)
str2 = ''.join(str_list)
print(str2)
```

```
C:\Python310\python.exe C:\Users\huawei\PycharmProjects\pythonProject\demo.py
['h', 'e', 'l', 'l', 'o', 'w', 'o', 'r', 'l', 'd']
helloworld

进程已结束,退出代码0
```

图 4-40

参考代码 2 如图 4-41 所示。

```python
def substr(s):
    str_list = []
    for ch in s:
        if ch.isalpha():
            str_list.append(ch)
    return ''.join(str_list)

str1 = "123#%4hello*world000"
print(substr(str1))
```

```
C:\Python310\python.exe C:\Users\huawei\PycharmProjects\pythonProject\demo.py
helloworld

进程已结束,退出代码0
```

图 4-41

4.7　DeepSeek 分析代码性能

初学编程时，我们更多考虑的是如何实现所需的功能，而忽略了性能。当然，也有可能是我们并不知道如何进行性能优化，此时，DeepSeek 就可以帮助我们了。

对于前文生成随机密码的案例，可以在 DeepSeek 中输入："帮我检查这段代码，分析如果生成的字符串很长，会不会有什么性能损失，该如何优化？" DeepSeek 告诉我们代码存在的问题，它给出的代码非常简洁，同时还进行了性能优化，如图 4-42 所示。

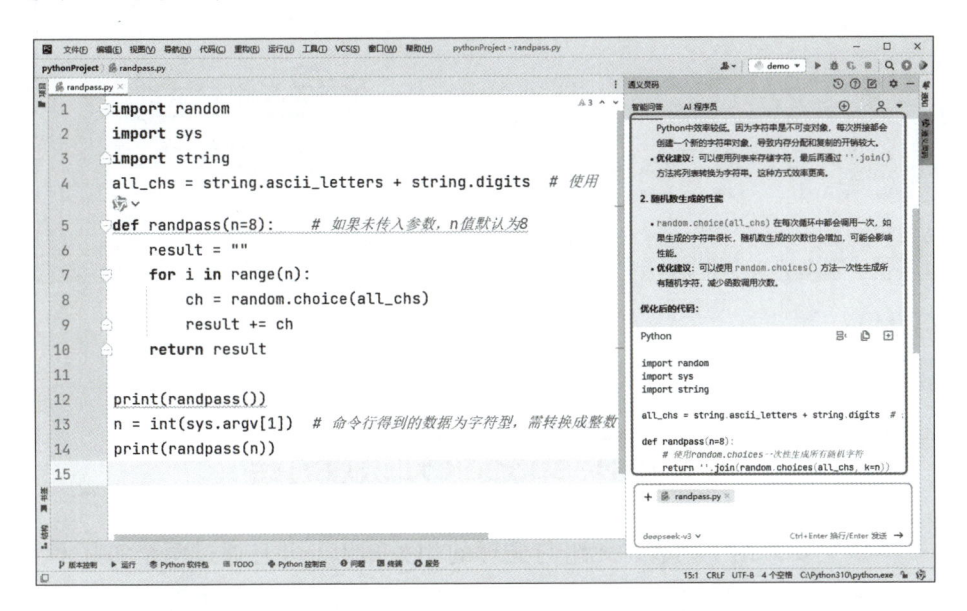

图 4-42

我们再看循环中数字累加的例子，100 个数字累加需要循环 100 次，1000 万个数字的累加需要循环 1000 万次，由此可知，数字越大，程序运行速度就越慢。那么 DeepSeek 会给出什么样的建议呢？在 DeepSeek 中输入："这段代码是 1 到 1000 万数字的累加，执行速度慢，应该怎么优化它？请给出优化的代码，并说明原因。"

DeepSeek R1 的推理过程非常值得一看。它的深度思考过程，一步一步地进行推理，分析当前代码的时间复杂度，并且给出了测试效率的方法，最后提供了优化方案和优化前后的对比数据，如图 4-43 所示。

图 4-43

4.8 DeepSeek 知识点总结

本章主要介绍了列表、元组与循环的相关知识，并且通过两个实际示例进行了演示。也可以用 DeepSeek 生成示例，来回顾本章的知识点。

提示词：帮我写一个抽奖的程序。奖品共设置了 9 种类型，奖品请自行设定。抽奖时随机选择，共给 3 次抽奖机会。

DeepSeek 生成的答案：

```
import random

# 定义 9 种奖品
prizes = [
    "一等奖：豪华海外游",
    "二等奖：最新款平板电脑",
```

```
    " 三等奖: 智能手表 ",
    " 四等奖: 无线耳机 ",
    " 五等奖: 运动背包 ",
    " 六等奖: 精美书籍套装 ",
    " 七等奖: 品牌保温杯 ",
    " 八等奖: 定制钥匙链 ",
    " 九等奖: 手机支架 "
]

# 定义抽奖函数
def lottery():
    chances = 3
    while chances > 0:
        input(" 按下 Enter 键开始抽奖: ")
        # 随机选择一个奖品
        prize = random.choice(prizes)
        print(f" 恭喜你,抽到了: {prize}")
        chances -= 1
    print(" 你的抽奖机会已用完。")

if __name__ == "__main__":
    lottery()
```

追问: 这段代码为什么使用的是 while 循环,能用 for 循环替换吗?

DeepSeek 回答:

这段代码使用 while 循环是为了在有抽奖机会(chances 大于 0)时持续进行抽奖操作。实际上,它也可以用 for 循环来替换, for 循环通常用于已知循环次数的情况,它有更简洁的语法结构。在抽奖程序中,已知抽奖机会是 3 次,所以可以用 for 循环直接控制循环次数。

抽奖函数部分修改如下:

```
def lottery():
    # 使用 for 循环控制抽奖次数
    for _ in range(3):
        input(" 按下 Enter 键开始抽奖: ")
        # 随机选择一个奖品
```

```
            prize = random.choice(prizes)
            print(f"恭喜你，抽到了：{prize}")
print("你的抽奖机会已用完。")
```

追问：for 后面的下划线是什么意思？

DeepSeek 回答：

下划线"_"是一种约定俗成的变量命名方式，它本身没有特殊的语法含义，只是开发者间通用的一种习惯用法。

如果使用一个有意义的变量名（如 i、count 等），可能会让阅读代码的人误以为这个变量在循环体中有实际用途。使用"_"可以避免这种误解，让代码更简洁易读。

第 5 章　字典、集合与文件

5.1　字典

5.1.1　定义字典

字典通过一对花括号（{}）来定义，是一种由键－值对构成的映射数据类型。只能通过字典的键（key）去取对应的值（value）。字典不属于序列类型，是无序的集合，所以它没有下标。

要注意，字典的 key 必须是不可变类型，如字符串、数字和元组。另外，字典的 key 也不能重复，设置同样的 key 对应不同的 value 时，最后定义的生效。

内建函数 dict() 也可以用来构建字典，代码如图 5-1 所示。

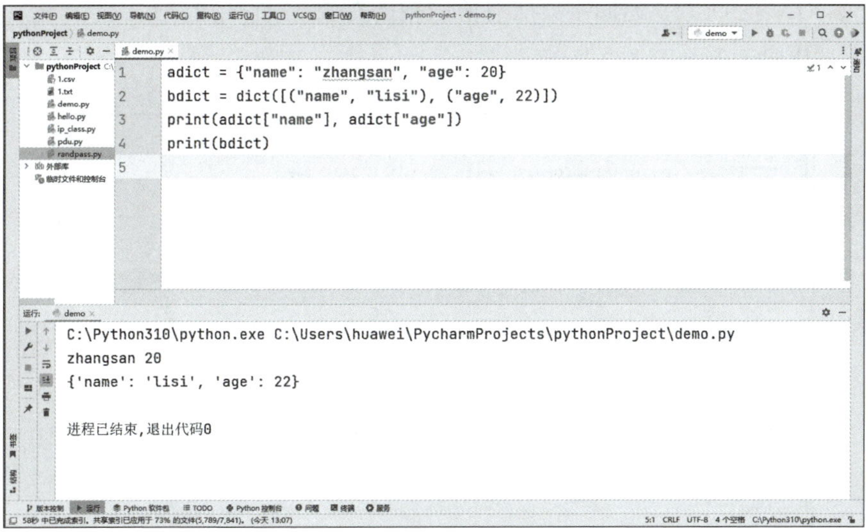

图 5-1

5.1.2 更新字典

更新字典时，通过 key 设置 value。如果 key 已经在字典中，则更新 value，如果 key 不在字典中，则向字典加入新 value，代码如图 5-2 所示。

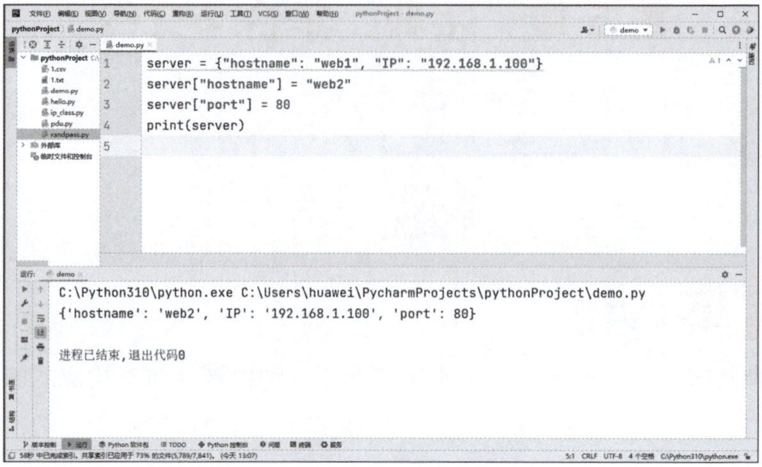

图 5-2

5.1.3 字典的常用方法

- d.keys()：返回字典所有键的视图对象。
- d.values()：返回字典所有值的视图对象。

代码示例如图 5-3 所示。

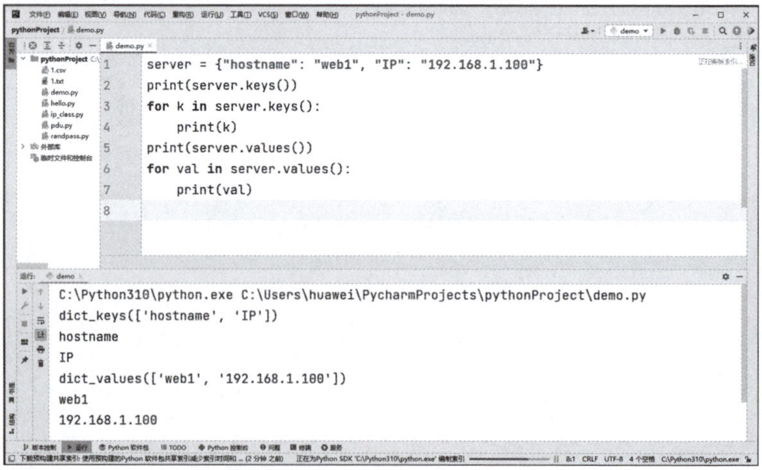

图 5-3

助学答疑

▶ **d.items()**：返回字典所有键–值对的视图对象，每个元素是 (key, value) 元组，如图 5-4 所示。

```
server = {"hostname": "web1", "IP": "192.168.1.100"}
print(server.items())
for item in server.items():
    print(item)
for key, val in server.items():
    print(f"{key}: {val}")
```

```
C:\Python310\python.exe C:\Users\huawei\PycharmProjects\pythonProject\demo.py
dict_items([('hostname', 'web1'), ('IP', '192.168.1.100')])
('hostname', 'web1')
('IP', '192.168.1.100')
hostname: web1
IP: 192.168.1.100
```

图 5-4

▶ **d.get(key, default=None)**：安全获取键对应的值，避免 KeyError 异常。若键不存在，则返回 default 值，如图 5-5 所示。

```
server = {"hostname": "web1", "IP": "192.168.1.100"}
server_name = server.get("hostname", "未定义")
port = server.get("port", "未定义")
print(f"主机名: {server_name}")
print(f"端口号: {port}")
```

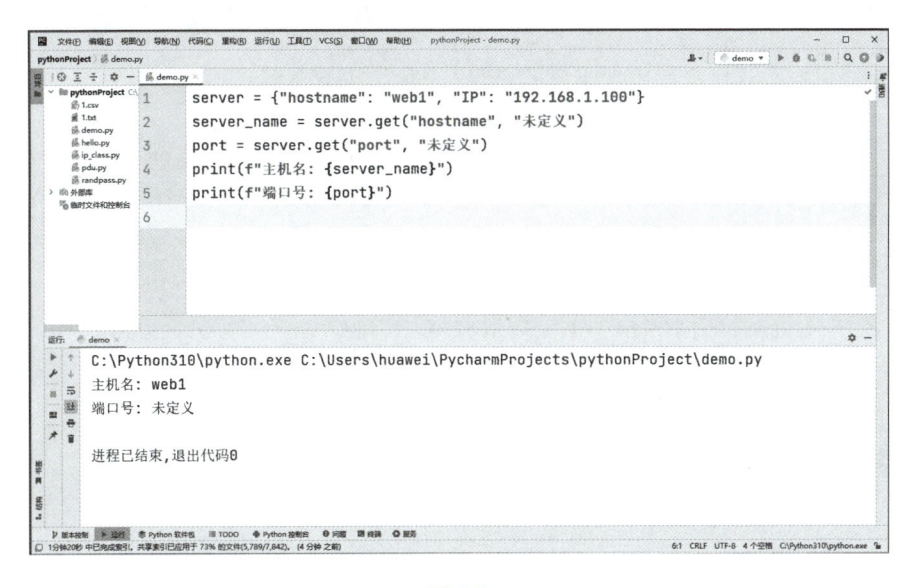

```
C:\Python310\python.exe C:\Users\huawei\PycharmProjects\pythonProject\demo.py
主机名: web1
端口号: 未定义

进程已结束,退出代码0
```

图 5-5

▶ **d. update(iterable)**：用其他字典或可迭代的键–值对，更新当前字典（合并或覆盖），如图 5-6 所示。

图 5-6

▶ d.pop(key, default)：删除指定键并返回其值。若键不存在且未提供 default，则抛出 KeyError 异常，如图 5-7 所示。

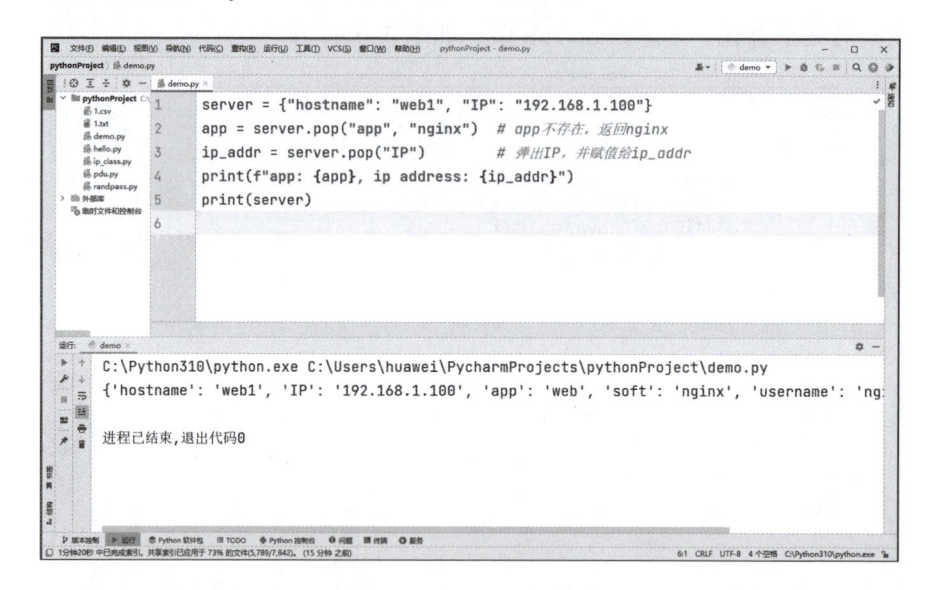

图 5-7

▶ d.setdefault(key, default)：若键存在，返回其值；若不存在，插入键并设置 default 值，返回 default，如图 5-8 所示。

```
server = {"hostname": "web1", "IP": "192.168.1.100"}
server.setdefault("hostname", "nginx01")   # 字典中存在hostname，不更新
server.setdefault("port", 80)              # 字典增加新值
print(server)
```

```
C:\Python310\python.exe C:\Users\huawei\PycharmProjects\pythonProject\demo.py
{'hostname': 'web1', 'IP': '192.168.1.100', 'port': 80}

进程已结束,退出代码0
```

图 5-8

▶ d.fromkeys(iterable, value)：用可迭代对象的元素作为键，生成新字典，值均为 value（默认 None），如图 5-9 所示。

```
servers = {}.fromkeys(["nginx01", "nginx02", "nginx03"], "webserver")
print(servers)
```

```
C:\Python310\python.exe C:\Users\huawei\PycharmProjects\pythonProject\demo.py
{'nginx01': 'webserver', 'nginx02': 'webserver', 'nginx03': 'webserver'}

进程已结束,退出代码0
```

图 5-9

5.1.4　字典的其他常用操作

▶ key in dict：检查键是否存在。

▶ len()：获取键值对数量。

代码示例如图 5-10 所示。

```
server = {"hostname": "web1", "IP": "192.168.1.100"}
print("字典长度:", len(server))
if "IP" in server:
    print("IP地址已设置")
if "port" not in server:
    server["port"] = 80
print(server)
```

```
C:\Python310\python.exe C:\Users\huawei\PycharmProjects\pythonProject\demo.py
字典长度: 2
IP地址已设置
{'hostname': 'web1', 'IP': '192.168.1.100', 'port': 80}

进程已结束,退出代码0
```

图 5-10

▶ **字典推导式**：字典也可以用字典推导式生成，用法与列表推导式类似。代码示例如图 5-11 所示。

```
servers = {f"web{i}": f"192.168.1.{i}" for i in range(1, 6)}
print(servers)
status = {"web1": "up", "web2": "down", "web3": "up"}
# 如果服务器是up状态，将其加入新字典
running = {key: status[key] for key in status if status.get(key) == "up"}
print(running)
```

```
C:\Python310\python.exe C:\Users\huawei\PycharmProjects\pythonProject\demo.py
{'web1': '192.168.1.1', 'web2': '192.168.1.2', 'web3': '192.168.1.3', 'web4': '192.168.1.4
{'web1': 'up', 'web3': 'up'}

进程已结束,退出代码0
```

图 5-11

5.2 集合

5.2.1 定义集合

集合是一种无序的、不包含重复元素的数据结构。集合与字典有很多相

似性，它就像一个无值的字典，使用一对花括号（{}）进行定义。集合的元素与字典的 key 有着一样的特点，如它们都必须属于不可变类型（字符串、数字、元组），而且是无序的，不能通过下标取值。

集合也可以通过内建的 set 函数定义，代码示例如图 5-12 所示。

```
set1 = {"web1", "web2", "db1", "db2"}
set2 = set(["nginx", "php", "mysql"])
print(set1)
print(set2)
```

```
C:\Python310\python.exe C:\Users\huawei\PycharmProjects\pythonProject\demo.py
{'db2', 'web2', 'db1', 'web1'}
{'php', 'mysql', 'nginx'}

进程已结束,退出代码0
```

图 5-12

5.2.2 集合运算

▶ **交集运算（intersection()方法或"&"运算符）**：用于获取两个集合的交集，即返回一个包含所有同时存在于两个集合中的元素的新集合，如图 5-13 所示。

```
users1 = {"root", "adm", "nginx"}
users2 = {"httpd", "root", "adm"}
print(users1 & users2)
print(users1.intersection(users2))
```

```
C:\Python310\python.exe C:\Users\huawei\PycharmProjects\pythonProject\demo.py
{'adm', 'root'}
{'adm', 'root'}

进程已结束,退出代码0
```

图 5-13

▶ **并集运算（union() 方法或"|"运算符）**：用于获取两个集合的并集，即返回一个包含两个集合中所有元素的新集合，重复元素只会出现一次，如图 5-14 所示。

图 5-14

▶ **差集运算（difference() 方法或"-"运算符）**：用于获取两个集合的差集，即返回一个包含在第一个集合中但不在第二个集合中的元素的新集合，如图 5-15 所示。

图 5-15

5.2.3 集合的常用方法

▶ **add() 方法**：用于向集合中添加一个元素。如果元素已在集合中，

add() 方法不会执行任何操作,这确保了集合中元素的唯一性,如图 5-16 所示。

图 5-16

▶ **update() 方法:** 用于将多个元素添加到集合中。它接收一个可迭代对象(如列表、元组等)作为参数,并将其中的元素逐个添加到集合中,如图 5-17 所示。

图 5-17

▶ **remove() 方法:** 用于从集合中移除指定的元素。如果元素不在集合中,将会引发 KeyError 异常,如图 5-18 所示。

```
server_ips = {'192.168.1.100', '192.168.1.101'}
ip_to_remove = '192.168.1.100'
server_ips.remove(ip_to_remove)
print(server_ips)
server_ips.remove(ip_to_remove)   # 再次移除，报错
```

```
C:\Python310\python.exe C:\Users\huawei\PycharmProjects\pythonProject\demo.py
{'192.168.1.101'}
Traceback (most recent call last):
  File "C:\Users\huawei\PycharmProjects\pythonProject\demo.py", line 5, in <module>
    server_ips.remove(ip_to_remove)
KeyError: '192.168.1.100'
```

图 5-18

▶ **discard() 方法：** 也用于移除集合中的元素，但与 remove() 方法不同，如果元素不存在，discard() 方法不会引发错误，如图 5-19 所示。

```
server_ips = {'192.168.1.100', '192.168.1.101'}
ip_to_remove = '192.168.1.102'
server_ips.discard(ip_to_remove)
server_ips.discard(ip_to_remove)
print(server_ips)
```

```
C:\Python310\python.exe C:\Users\huawei\PycharmProjects\pythonProject\demo.py
{'192.168.1.100', '192.168.1.101'}

进程已结束，退出代码0
```

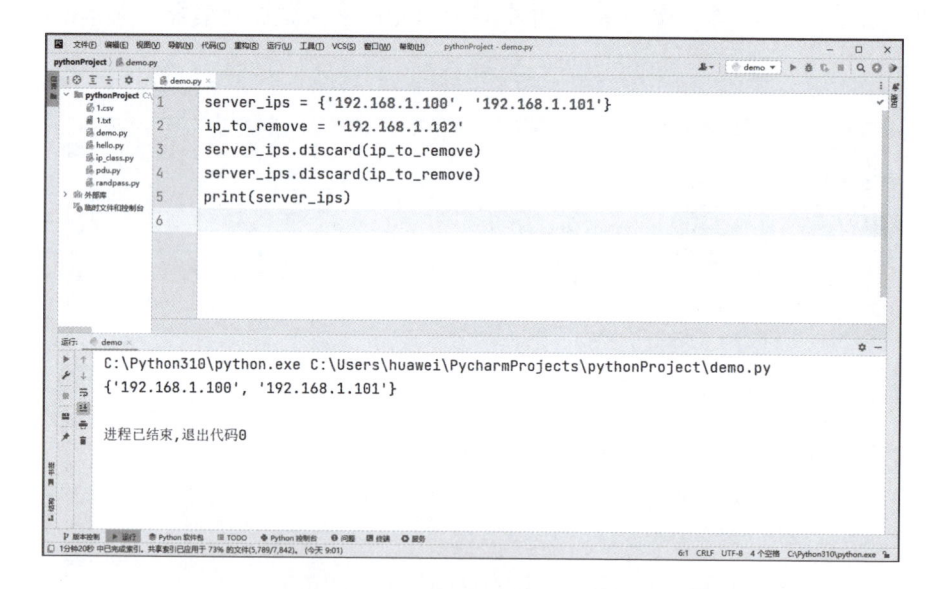

图 5-19

▶ **pop() 方法：** 用于随机移除并返回集合中的一个元素。由于集合是无序的，因此无法确定具体会移除哪个元素。如果集合为空，调用 pop() 方法会引发 KeyError 异常，如图 5-20 所示。

第 5 章 字典、集合与文件

```
server_ips = {'192.168.1.100', '192.168.1.101'}
removed_ip = server_ips.pop()
print(removed_ip)   # 可能输出: '192.168.1.100' 或 '192.168.1.101'
print(server_ips)
```

```
C:\Python310\python.exe C:\Users\huawei\PycharmProjects\pythonProject\demo.py
192.168.1.101
{'192.168.1.100'}

进程已结束,退出代码0
```

图 5-20

5.2.4 集合的其他常用操作

▶ **len() 函数**：用于获取集合中元素的数量。

▶ **in 关键字**：用于检查一个元素是否在集合中，返回 True 或 False，如图 5-21 所示。

```
server_ips = {'192.168.1.100', '192.168.1.101', '192.168.1.102'}
print(len(server_ips))
server_ips = {'192.168.1.100', '192.168.1.101', '192.168.1.102'}
print('192.168.1.100' in server_ips)   # 输出: True
print('192.168.1.103' in server_ips)   # 输出: False
```

```
C:\Python310\python.exe C:\Users\huawei\PycharmProjects\pythonProject\demo.py
3
True
False

进程已结束,退出代码0
```

图 5-21

113

5.3 文件

5.3.1 文件概述

文件操作的一般流程是：打开、读写、关闭。

打开操作不是使用文本编辑器打开一个文档，也不是用播放器播放一首音乐或一个视频。不管文件是文本形式还是其他形式，最终在硬盘上都是以一串 0 和 1 的组合进行存储。打开文件相当于用一个文件指针指向文件存储的开头位置。

5.3.2 打开模式

内建函数 open() 可用于打开文件。在打开文件时需要指定文件的打开模式，不同的打开模式决定了文件的操作权限和行为。

主要打开模式的说明如下：

▶ 只读模式（"r"）：以只读模式打开文件，文件指针位于文件开头。只能读取文件内容，不能对文件进行写入操作。如果指定的文件不存在，会抛出 FileNotFoundError 异常。

▶ 写入模式（"w"）：以写入模式打开文件。如果文件已存在，则会清空文件原有的内容；如果文件不存在，则会创建一个新文件。文件指针位于文件开头，后续的写入操作会覆盖原有的内容。

▶ 追加模式（"a"）：以追加模式打开文件。如果文件已存在，文件指针会定位到文件末尾，则新写入的内容会添加到文件原有内容的后面；如果文件不存在，则会创建一个新文件。

表 5-1 是常见的文件打开模式。

表 5-1　常见文件打开模式

模式	描述	典型运维场景	注意事项
r	只读	读取设备清单/配置文件	文件必须存在
w	写入	创建新日志文件/报告	会清空已有内容
a	追加	持续记录操作日志	在文件末尾添加
r+	读写	修改配置文件	文件必须存在
b	二进制	传输镜像文件	需配合其他模式使用（如 rb、wb）

5.3.3 文本文件操作

▶ **f.write()**：在操作文本文件时，可以通过 write() 方法写入字符串，返回值是写入的字符数，如图 5-22 所示。

图 5-22

以"w"模式打开文件，文件不存在则创建。虽然代码中使用了两次 write() 方法，但是查看文件时只有一行文字，原因是没有换行标志。换行标志是"\n"，另外制表符使用"\t"，注意，早期的 Windows 系统换行可能要用"\r\n"，如图 5-23 所示。

图 5-23

由于以"w"模式打开文件会清空文件，因此再次打开文件进行写入时，第一次写入的内容被清除了。

还要注意，写入文件时只能写入字符类型的数据，试图写入其他类型数据将会触发 TypeError 异常，如图 5-24 所示。

图 5-24

▶ f.writelines()：将一个字符串列表写入文件，但不会自动添加换行符。如果需要换行符，需要手工添加，如图 5-25 所示。

图 5-25

第 5 章 字典、集合与文件

虽然定义上，writelines() 是写入字符串列表，但是写入的参数也可以是字符串元组或字符串集合，如图 5-26 所示。

```
1  lines = ["port is down.", "Service Unreachable!"]
2  lines = [f"{line}\n" for line in lines]   # 通过列表推导式为字符串追加\n
3  tlines = ("This is a test.\n",)
4  set1 = {"set line1.\n", "set line 2.\n"}
5  f = open("new_file.txt", "w")
6  f.writelines(lines)       # 写入字符串列表
7  f.writelines(tlines)      # 写入字符串元组
8  f.writelines(set1)        # 写入字符串集合
9  f.close()
10
```

```
PS C:\Users\huawei\PycharmProjects\pythonProject> cat .\new_file.txt
port is down.
Service Unreachable!
This is a test.
set line1.
set line 2.
PS C:\Users\huawei\PycharmProjects\pythonProject>
```

图 5-26

每次以"w"模式打开文件会清空文件，这往往不是我们希望的，保留现有文件内容，在文件尾部追加内容，使用"a"模式，也就是追加模式可以实现此功能，如图 5-27 所示。

```
1  f = open("new_file.txt", "a")
2  f.write("the end.\n")
3  f.close()
4
```

```
PS C:\Users\huawei\PycharmProjects\pythonProject> cat .\new_file.txt
port is down.
Service Unreachable!
This is a test.
set line1.
set line 2.
the end.
PS C:\Users\huawei\PycharmProjects\pythonProject>
```

图 5-27

117

▶ **f.read(n)**：以 "r" 模式打开文件，可以对文件进行读取，f.read() 可以指定一次读取多少个字符，如果没有指定则默认读取全部。打开文件后，open() 函数返回一个指针，随着读写的进行，这个指针不断地向后移动，不操作指针，读写总是从指针位置开始。这样打开文件，进行一次 read() 操作，指针将会移动到文件尾部，再次进行 read() 操作，因为指针之后已经没有数据了，所以将返回空字符串，如图 5-28 所示。

图 5-28

▶ **f.readline()**：每次读取文件的一行内容，返回一个字符串。当读到文件末尾时，返回空字符串，如图 5-29 所示。

图 5-29

第 5 章 字典、集合与文件

在用 print() 函数输出时，默认会输出一个换行符 \n，文件的行尾结束标志也是 \n，因此，在输出时就出现了两个换行符，每行的后面都有一个空行。去除这个多余的空行，可以通过 print() 函数的 end 参数抑制，如图 5-30 所示。

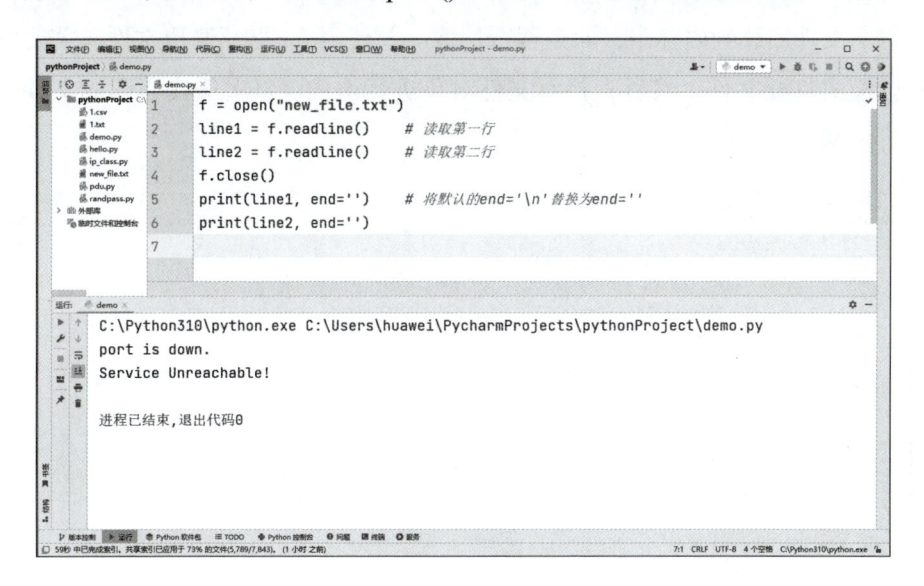

图 5-30

▶ f.readlines()：将文件的每一行作为一个元素，存储在列表中返回，如图 5-31 所示。

图 5-31

▶ **for 循环遍历**：文件对象是可迭代的（iterable），这意味着可以直接使用 for 循环逐行读取文件内容，如图 5-32 所示。

这种方式不仅简洁高效，而且非常适合处理大文件，因为它不会一次性将整个文件加载到内存中，而是逐行读取。要使用 for 循环遍历文件，需要以只读模式打开文件，然后直接对文件对象进行迭代。每次迭代会读取文件的一行内容。

图 5-32

▶ **f.close()**：关闭文件。文件操作完成后，都应正确地将其关闭。如果不关闭，有可能它仍然在后台处于打开状态，而操作系统对每个进程能同时打开的文件数量有严格限制。未关闭的文件还会持续占用系统资源，可能导致程序崩溃或系统性能下降。文件不及时关闭可能导致写入操作不会立即落盘，系统会缓存数据到内存，未关闭文件时，程序崩溃、断电会导致缓冲区数据丢失。

▶ **with 语句**：with 语句用于打开文件，当 with 语句结束时，文件自动关闭，如图 5-33 所示。

第 5 章 字典、集合与文件

图 5-33

5.3.4 二进制文件操作

如果处理的文件是图片、视频等类型的数据，文件中不存在一行行的文本，这时打开文件的模式需要再加一个"b"模式，如"rb""wb"。既然不是逐行的文本，用 readline()、readlines() 方法就不合适了。write() 方法也不宜一次读取过多内容，但可以指定每次读取的字节数。

while 循环可以每次读取适量数据，分批次进行处理，直到读取的内容为空结束循环。

图 5-34 的示例，用于将图片文件 C:\img1\myimg.png 复制到 C:\img2 目录中。

图 5-34

5.4 综合练习

5.4.1 统计客户端

用以下是 10 行模拟 Nginx 服务器访问日志的内容，日志文件名为 access.log。编写代码，统计每个客户端出现的次数。

```
192.168.1.101 - - [10/Jul/2024:14:23:15 +0000] "GET / HTTP/1.1"
203.0.113.45 - - [10/Jul/2024:14:23:16 +0000] "GET /about HTTP/1.1"
198.51.100.10 - - [10/Jul/2024:14:23:17 +0000] "GET /contact HTTP/1.1"
192.168.1.101 - - [10/Jul/2024:14:23:18 +0000] "GET /products?cat=1 HTTP/1.1"
203.0.113.45 - - [10/Jul/2024:14:23:19 +0000] "POST /login HTTP/1.1"
192.168.1.101 - - [10/Jul/2024:14:23:20 +0000] "GET /images/logo.png HTTP/1.1"
203.0.113.45 - - [10/Jul/2024:14:23:21 +0000] "GET /api/v1/users HTTP/1.1"
192.168.1.101 - - [10/Jul/2024:14:23:22 +0000] "GET /robots.txt HTTP/1.1"
198.51.100.10 - - [10/Jul/2024:14:23:23 +0000] "GET /wp-admin HTTP/1.1"
192.168.1.101 - - [10/Jul/2024:14:23:24 +0000] "GET /favicon.ico HTTP/1.1"
```

分析：

（1）既需要每个客户端的 IP 地址，又需要其出现的次数，可以用字典保存结果。客户端的 IP 地址作为字典的 key，出现次数作为 value。

（2）程序运行过程中，打开日志文件后逐行遍历，取出每行行首的 IP 地址。如果字典中没有此 IP 地址，将 value 设置为 1，否则进行累加。

（3）取出指定格式的字符串用正则表达式比较方便，在本例中，根据文本的特点，也可以用空格作为分隔符，将一行文字转换成列表，客户端的 IP 地址是列表中的第一项。

参考代码如图 5-35 所示。

```
access_log = "access.log"
result = {}
with open(access_log) as fobj:
    for line in fobj:
        ip = line.split(' ')[0]   # 按空格转换成列表，取出第一项
        result[ip] = result.get(ip, 0) + 1   # 字典中有ip，取出值，没有返回0

print(f"{'client':20}{'count':8}")
for ip in result:
    print(f"{ip:20}{result[ip]:<8}")
```

```
C:\Python310\python.exe C:\Users\huawei\PycharmProjects\pythonProject\countip.py
client              count
192.168.1.101       5
203.0.113.45        3
198.51.100.10       2
```

图 5-35

输出结果使用了 f-string 格式，它可以通过特定的语法来指定字段的宽度。对于整数，可以在花括号（{}）内使用冒号（:）后面紧跟宽度值来指定字段宽度。如果整数的位数小于指定字段宽度，会在左侧用空格进行填充。

对于浮点数，除了可以指定宽度，还能同时指定精度。在宽度值后面加上小数点和精度值即可。

对于字符串，同样可以指定宽度。如果字符串的长度小于指定宽度，默认会在右侧用空格填充，如图 5-36 所示。

```
num = 42
pi = 3.1415926
name = "zhangsan"
print(f"number:{num:5}")
print(f"pi:{pi:8.3f}")
print(f"name:{name:10}")
```

```
C:\Python310\python.exe C:\Users\huawei\PycharmProjects\pythonProject\demo.py
number:   42
pi:   3.142
name:zhangsan
```

图 5-36

除了指定宽度，还可以用小于号（<）指定左对齐，大于号（>）指定右对齐，向上的尖角号（^）指定居中对齐，如图 5-37 所示。

图 5-37

5.4.2 统计新增的客户端

以下是 10 行模拟 Nginx 服务器访问日志的内容，日志文件名为 access2.log。编写代码与 5.4.1 小节练习中的 access.log 文件相比，统计又出现了哪些新的客户端。

```
    201.3.10.101 - - [10/Jul/2024:14:23:15 +0000] "GET / HTTP/1.1"
    52.101.58.2 - - [10/Jul/2024:14:23:16 +0000] "GET /about HTTP/1.1"
    198.51.100.10 - - [10/Jul/2024:14:23:17 +0000] "GET /contact HTTP/1.1"
    192.168.1.101 - - [10/Jul/2024:14:23:18 +0000] "GET /products?cat=1 HTTP/1.1"
    201.3.10.101 - - [10/Jul/2024:14:23:19 +0000] "POST /login HTTP/1.1"
    192.168.1.101 - - [10/Jul/2024:14:23:20 +0000] "GET /images/logo.png HTTP/1.1"
    52.101.58.2 - - [10/Jul/2024:14:23:21 +0000] "GET /api/v1/users HTTP/1.1"
    52.101.58.2 - - [10/Jul/2024:14:23:22 +0000] "GET /robots.txt HTTP/1.1"
```

```
    198.51.100.10 - - [10/Jul/2024:14:23:23 +0000] "GET /wp-
admin HTTP/1.1"
    192.168.1.101 - - [10/Jul/2024:14:23:24 +0000] "GET /
favicon.ico HTTP/1.1"
```

分析：

（1）分别找出两个日志文件中有哪些客户端 IP 地址，重复的地址只出现一次即可。集合可以去重，是保存结果非常合适的选择。

（2）集合的差补功能，可以得到一个集合中有，另一个集合中没有的数据。

参考代码如图 5-38 所示。

图 5-38

5.5 DeepSeek 生成动画助力理论理解

5.5.1 冒泡排序

当我们深入学习编程时，会涉及数据结构与算法。比如，我们想进行数据排序，就会用到冒泡排序、插入排序、快速排序等算法。理论往往不好理解，这时可以让 DeepSeek 帮助编写动画，帮助我们理解理论知识。

比如，要生成冒泡排序的动画，可以在 DeepSeek 中输入："请编写一个

web 网页，以动画的形式演示冒泡排序的原理"。

单击代码框右上角的创建文件按钮，把代码保存到新文件中，在新文件代码的右上角出现了几个浏览器图标，单击可以打开网页，如图 5-39 所示。

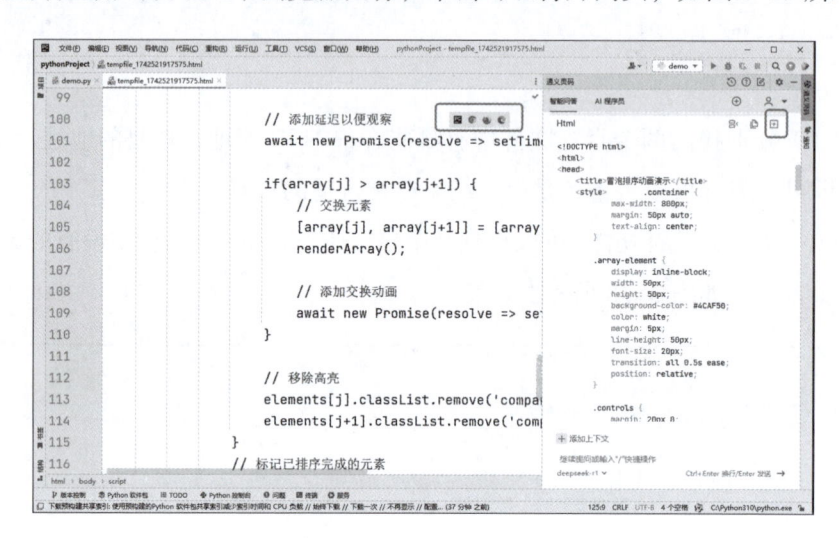

图 5-39

运行界面如，如图 5-40 所示

图 5-40

在网页中，根据每个数字的值，生成了大小不同的长方形。单击"开始排序"按钮，按照冒泡排序算法，从左至右，将相邻的两个数字进行比较，把小的数字移动到左侧。

5.5.2 理解变量变化

变量是可以变化的量，初学变量时，经常搞不懂变量的值是如何改变的。我们可以让 DeepSeek 帮助生成动画，理解变量在代码运行时的变化。比如，在理解数字累加时，我们可以在 DeepSeek 中输入："请编写一个 web 网页，将代码中变量值的变化情况做成动画，方便理解"。

图 5-41

DeepSeek 将会先自行阅读代码，然后编写满足要求的网页，如图 5-42 所示。

图 5-42

在网页动画中，代码执行过程被高亮显示，执行到哪条语句，上方窗格中的变量值就会随之不断改变。

5.6　DeepSeek 知识点总结

本章主要学习了字典、集合与文件的相关知识。我们可以用 DeepSeek 帮助了解这些结构在编程中的常见用法。

提示词：文件、字典和集合在编程中有哪些具体应用，请结合具体案例，举几个应用场景，不必提供代码。

DeepSeek 回答：

> 1．图书借阅系统
> 场景描述：从文件中读取图书的借阅信息，统计每本图书的借阅次数，找出最受欢迎的图书，同时要确保借阅记录的唯一性。
> 使用方式
> 文件：存储图书的借阅信息，每行记录一次借阅的时间、图书名称等。
> 字典：以图书名称作为键，借阅次数作为值，方便统计每本图书的借阅情况。
> 集合：存储已经处理过的借阅记录，避免重复统计。
> 2．网站访问日志分析
> 略
> 3．商品库存管理系统
> 略
> 4．学生成绩管理系统
> 略

追问：请给出图书借阅系统的具体代码。

DeepSeek 回答：

```
# 定义一个函数来处理借阅记录文件
def analyze_borrowing_records(file_path):
    # 用于存储每本图书的借阅次数，键为图书名称，值为借阅次数
    borrowing_count = {}
    # 用于存储已经处理过的借阅记录，确保记录的唯一性
    processed_records = set()
```

```python
try:
    # 打开文件进行读取
    with open(file_path, 'r', encoding='utf-8') as file:
        # 逐行读取文件内容
        for line in file:
            # 去除行尾的换行符
            line = line.strip()
            # 如果该行已经处理过，则跳过
            if line in processed_records:
                continue
            # 将该行添加到已处理记录集合中
            processed_records.add(line)
            # 假设每行记录格式为 "日期,图书名称"，以逗号分隔
            parts = line.split(',')
            if len(parts) == 2:
                book_name = parts[1]
                # 如果图书已经在字典中，借阅次数加 1
                if book_name in borrowing_count:
                    borrowing_count[book_name] += 1
                # 否则，将该图书添加到字典中，初始借阅次数为 1
                else:
                    borrowing_count[book_name] = 1

    # 找出借阅次数最多的图书
    most_borrowed_book = None
    max_borrowings = 0
    for book, count in borrowing_count.items():
        if count > max_borrowings:
            max_borrowings = count
            most_borrowed_book = book

    # 输出结果
    print("每本图书的借阅次数：")
    for book, count in borrowing_count.items():
        print(f"{book}: {count} 次")
    if most_borrowed_book:
```

```
                    print(f"\n 最受欢迎的图书是：{most_borrowed_book},
借阅次数为 {max_borrowings} 次。")
            else:
                print("\n 没有有效的借阅记录。")

    except FileNotFoundError:
        print(f" 错误：未找到文件 {file_path}。")
    except Exception as e:
        print(f" 发生未知错误：{e}。")


if __name__ == "__main__":
    # 请将 'borrowing_records.txt' 替换为实际的文件路径
    file_path = 'borrowing_records.txt'
    analyze_borrowing_records(file_path)
```

代码说明：

文件操作：使用 open() 函数打开存储借阅记录的文件，并逐行读取文件内容。

字典：borrowing_count 字典用于存储每本图书的借阅次数，键为图书名称，值为借阅次数。

集合：processed_records 集合用于存储已经处理过的借阅记录，确保每条记录只处理一次。

异常处理：代码中添加了异常处理，当文件不存在或发生其他未知错误时，会输出相应的错误信息。

使用方法：

你需要创建一个名为 borrowing_records.txt 的文件，文件内容格式为每行一条借阅记录，例如：

2024-01-01,Python 编程从入门到实践

2024-01-02,Python 编程从入门到实践

2024-01-03,数据结构与算法分析

然后运行上述代码，即可分析借阅记录并输出结果。

第 6 章　函数式编程

6.1　函数基础

6.1.1　函数基础基本概念

函数是一段具有特定功能的代码块，它允许你为一段代码指定一个名字，以便日后可以方便地调用它。函数可以接收输入参数，这些参数在函数被调用时传递给它，并且函数可以返回一个值作为输出结果。

函数通过 def 关键字来定义，后面是函数名和圆括号（圆括号中可以包含参数）。函数体则通过缩进来表示。图 6-1 是一个简单的函数定义示例。

图 6-1

在这个例子中，greet 是函数名，它没有参数，即便没有参数，函数名后面的空格也不能省略。第二、三行都采用了缩进结构，它们构成了函数体。

程序执行后，屏幕上并没有输出任何内容，因为函数定义只是说明有了这样的一个功能，但是并不执行函数体内的代码。

6.1.2 函数调用

调用函数非常简单。对于定义好的函数，通过函数名加上圆括号来调用。在调用函数时，函数中的代码就会被执行一遍。函数可以被多次调用，这也体现出函数的重要作用，即代码重用。没有函数，某一功能的代码需要反复重新编写，而函数把功能代码封装在函数体中，需要该功能时，简单调用函数就可以了，如图 6-2 所示。

图 6-2

在本例中，函数被调用了两次，函数体内的代码只编写了一次，这就避免了代码重复。另外，这样还提高了代码的可读性，通过将复杂的操作封装在函数中，并为函数提供一个描述性的名字，可以使代码更加易于理解。

函数在代码的调试和修改方面，也具有更大的便利性。如果一段代码在多个位置被重复使用，那么当这段代码需要修改或调试时，需要在每个使用它的位置都进行相应的修改。然而，如果这段代码被封装在一个函数中，那么只需修改函数内部的代码即可，无须在每个使用它的地方都进行修改。

6.1.3 参数

函数就像一部机器，机器生产产品需要原材料，函数的原材料一般来自参数。参数的使用非常灵活，我们可以定义各种不同类型的参数来满足不同的需求。

参数可以理解为变量，只不过它出现在特殊的位置，就给它起一个有别于变量的名称。

定义函数时，参数的值一般还没有确定，它只是在形式上占个位置，因此称作形式参数，简称形参。调用函数时，需要将具体的值传给函数的参数，可以理解为变量赋值，传递的具体值是实际使用的参数，也称作实际参数，简称实参。

▶ 位置参数

位置参数是最基本的参数类型，它们在函数调用时按照定义的顺序传递。每个位置参数都需要一个对应的值，否则会导致函数调用失败。

在图 6-3 中，第二次调用 greet() 函数时传递了两个参数 name 和 city。其中，把 city 作为第一个参数，name 作为第二个参数，按顺序赋值，结果 city 的值成为了"李娟"，而 name 的值是"北京"。

图 6-3

如果不按顺序赋值，在调用函数时，需要指定为哪个参数赋值，如图 6-4 所示。

图 6-4

传递参数时，可以为一部分参数指定 key=value 的形式，但是它必须出现在后面，如图 6-5 和图 6-6 所示。

图 6-5

第 6 章 函数式编程

[图片：PyCharm 截图，显示代码和 SyntaxError: positional argument follows keyword argument]

图 6-6

如果只为一部分参数指定 key=value 的形式，要注意参数的顺序。

在图 6-7 中，"北京"按顺序赋值给 name，然后再次指定 name 的值为"李娟"，所以报错指出 name 参数得到了多个值。

[图片：PyCharm 截图，显示 TypeError: greet() got multiple values for argument 'name']

图 6-7

▶ 关键字参数

定义函数时，可以为参数指定默认值，形成关键字参数。在函数调用时没有提供该参数的值，则使用默认值。

135

使用关键字参数能提高代码可读性，通过明确指定参数名，代码更加易于理解，特别是当函数有多个参数时，可以只传递那些需要非默认值的参数，而省略其他参数，这增加了函数调用的灵活性。参数名在调用时是明确的，因此还可以减少因参数顺序错误而导致的错误，如图 6-8 所示。

图 6-8

▶ 使用元组接收参数

在调用函数时，如果参数的个数不确定该怎么办呢？比如，我们经常使用的 print() 函数，它就可以接收任意数量的参数，如图 6-9 所示。

图 6-9

在定义函数时，在形参前面加一个星号（*），表示传递的实参将会存储到一个元组中，如图 6-10 所示。

图 6-10

▶ 使用字典接收参数

在定义函数时，在参数前添加两个星号（**），表示将一个可变数量的关键字参数传递给函数。这些参数在函数内部被存储为一个字典，如图 6-11 所示。

图 6-11

前文介绍了，在定义函数时，为参数前加星号（*）表示元组，加两个星号（**）表示字典。在调用函数时，也可以在参数前加星号（*），不过，它们与定义函数时的含义不同,添加一个星号（*）表示将传入的序列对象拆解开,作为一个个单独的参数传递,添加两个星号（**）表示将字典拆成 key=value 关键字参数传递,如图 6-12 所示。

图 6-12

6.1.4 返回值

函数就像一部机器,通过参数给它传递"原材料",函数运行结束,往往也会有"产品"返回,这个"产品"是函数的返回值,用 return 关键字实现。

需要说明的是,函数并不是一定需要有返回值,如果函数没有显示 return 关键字,默认返回 None,表示空,什么也没有返回。

变量赋值运算自右向左进行。result = greet() 这部分代码执行时,先调用等号右侧的 greet() 函数,其中的 print() 函数将"Hello World!"输出在屏幕上。由于函数没有 return 关键字,调用返回的结果是 None,再赋值给 result 变量。因此,输出 result 得到 None,如图 6-13 所示。

上述案例可以模拟检查服务器的健康状态,如果服务器端口可达,则返回 True,否则返回 False,如图 6-14 所示。

return 关键字一般出现在函数结尾,当函数执行到 return 时,函数就结束了,return 之后的语句不会执行,如图 6-15 所示。

第 6 章 函数式编程

图 6-13

图 6-14

图 6-15

return 关键字不仅可以返回单个值，还可以返回多个值。这些值实际上是以元组的形式返回的。虽然语法上看起来像是返回了多个独立的值，但实际上 Python 将它们打包成了一个元组，如图 6-16 所示。

```python
def get_info():
    host = "web1"
    port = 80
    return host, port

info = get_info()          # info是一个元组
print(info)
host, port = get_info()    # 返回值分别赋值给两个变量
print(f"host:{host}, port:{port}")
```

运行结果：
```
C:\Python310\python.exe C:\Users\huawei\PycharmProjects\pythonProject\demo.py
('web1', 80)
host:web1, port:80

进程已结束,退出代码0
```

图 6-16

当要编写一个函数来检查服务器的状态，并返回服务器的在线状态、响应时间、错误代码等多个信息时，就可以像图 6-17 这样实现了。

```python
def check_server_status(server_ip):
    online = True        # 假设服务器在线
    response_time = 0.5  # 假设响应时间为0.5秒
    error_code = 0       # 假设没有错误
    # 这里应该添加实际的检查逻辑
    return online, response_time, error_code

status, time, code = check_server_status("192.168.1.1")
print(f"Server is {'online' if status else 'offline'}, response time: {time}s, error code: {code}")
```

运行结果：
```
C:\Python310\python.exe C:\Users\huawei\PycharmProjects\pythonProject\demo.py
Server is online, response time: 0.5s, error code: 0

进程已结束,退出代码0
```

图 6-17

6.1.5 命令行上的位置参数

在 Python 编程中，处理命令行参数是一项非常实用的技能，特别是在编写脚本和工具时。命令行参数允许用户在命令行界面（Command Line Interface，CLI）上向程序传递信息，从而控制程序的行为。位置参数是一种命令行参数，它们按照顺序传递，每个位置对应一个特定的参数。

▶ sys.argv 列表

Python 提供了一个简单的方法来访问命令行参数：sys.argv 列表。这个列表包含了命令行上传递给 Python 脚本的所有参数。sys.argv[0] 是脚本的名称，而后续的元素则是传递给脚本的位置参数。

要使用 sys.argv，需要先导入 sys 模块。

既然需要通过命令行传递参数，就需要通过终端来执行程序。如果在代码窗口中右击选"运行"，将会报错，如图 6-18 所示。

图 6-18

还要注意，通过命令行获取的参数都是字符类型，如果需要其他类型，就要进行手工转换，如图 6-19 所示。

```
import sys

num = sys.argv[1]
print(type(num))
num = int(num)
print(type(num))
```

```
PS C:\Users\huawei\PycharmProjects\pythonProject> python.exe .\demo.py 8080
<class 'str'>
<class 'int'>
PS C:\Users\huawei\PycharmProjects\pythonProject>
```

图 6-19

▶ 解析位置参数

虽然 sys.argv 提供了访问命令行参数的基本方法，但手动解析这些参数可能会变得烦琐且容易出错。因此，Python 的 argparse 模块提供了一个更强大、更灵活的方式来处理命令行参数，包括位置参数。

图 6-20 是一个使用 argparse 解析位置参数的简单示例。

```
import argparse

# 创建ArgumentParser对象
parser = argparse.ArgumentParser(description="处理命令行位置参数的示例")
# 添加位置参数
parser.add_argument('ip_addr', type=str, help='主机IP地址')
parser.add_argument('port', type=int, help='端口号')
args = parser.parse_args()  # 解析命令行参数
# 使用解析后的参数
print(f"主机地址: {args.ip_addr}")
print(f"端口号: {args.port}")
print(type(args.ip_addr), type(args.port))
```

```
PS C:\Users\huawei\PycharmProjects\pythonProject>
```

图 6-20

在这个例子中，定义了两个位置参数 ip_addr 和 port，它们分别对应命令行上传递的第一个和第二个参数。argparse 模块自动处理了参数的解析和类型转换。

在运行时，可以通过 –h 选项查看使用帮助，如图 6-21 所示。

图 6-21

6.2 变量作用域

有了函数之后，一定要注意出现在代码不同位置的变量，变量出现在不同位置，即使它们的名字一样，也很可能是完全不相关的。变量作用域是一个重要的概念，它决定了变量在程序中的可见性和生命周期。理解变量作用域对于编写高效、可维护的代码至关重要。

6.2.1 什么是变量作用域

变量作用域指的是变量在程序中的有效范围。一个变量在某个作用域内被定义后，它只能在该作用域及其子作用域内被访问和修改。Python 中的作用域主要分为以下几种：

（1）全局作用域：在模块级别定义的变量具有全局作用域。这意味着它们可以在整个模块中被访问和修改。

（2）函数作用域：在函数内部定义的变量具有函数作用域。这些变量只能在函数内部被访问，一旦函数执行完毕，这些变量就会被销毁。

（3）嵌套作用域：在嵌套函数（即在另一个函数内部定义的函数）中，内部函数可以访问其外部函数定义的变量，这种作用域称为嵌套作用域。

（4）类作用域：在类定义中定义的变量（类属性）具有类作用域。这些变量可以在类的任何方法中被访问和修改，也可以通过类的实例进行访问。

6.2.2 全局变量与局部变量

▶ 全局变量

在模块级别定义的变量是全局变量。它们可以在任意位置被访问，如图6-22所示。

图 6-22

函数内如果定义了与全局同名的变量，那么函数内的代码执行时，函数内的变量将会遮盖住全局变量，但是不会影响全局变量的值，如图6-23所示。

第 6 章 函数式编程

```
1  x = 10
2  def mytest():
3      x = 100
4      print(x)    # 此处x的值来自于函数本身
5
6  print(x)    # 打印全局变量
7  mytest()
8  print(x)    # 全局变量不会被修改
9
```

```
C:\Python310\python.exe C:\Users\huawei\PycharmProjects\pythonProject\demo.py
10
100
10

进程已结束,退出代码0
```

图 6-23

如果在函数内部修改一个全局变量，需要使用 global 关键字，如图 6-24 所示。

```
1  x = 10
2  def mytest():
3      global x
4      x = 100
5      print(x)
6
7  print(x)    # 打印全局变量
8  mytest()    # 调用函数，修改全局变量
9  print(x)    # 全局变量已被修改
10
```

```
C:\Python310\python.exe C:\Users\huawei\PycharmProjects\pythonProject\demo.py
10
100
100

进程已结束,退出代码0
```

图 6-24

6.2.3　嵌套函数与 nonlocal 关键字

在嵌套函数中，内部函数默认不能修改外部函数的局部变量。如果想在

145

内部函数中修改外部函数的变量，可以使用 nonlocal 关键字来声明它，如图 6-25 所示。

图 6-25

6.3 函数进阶用法

6.3.1 匿名函数

匿名函数是一种没有具体名称的简短函数，通常用于需要传递简单函数时作为参数，或者当函数足够简短以至于不需要用正式的方式定义时。Python 通过 lambda 关键字创建匿名函数。

lambda 表达式的基本语法如下：

```
lambda 参数1, 参数2, ...: 表达式
```

其中，"参数1, 参数2, ..."是函数的输入参数，而"表达式"的结果是函数的返回值。注意，lambda 函数只能包含一个表达式，不能包含命令或多行代码。

▶ 基本用法

在图 6-26 的例子中，定义了一个名为 add 的 lambda 函数，它接收两个参数 x 和 y，并返回它们的和。之后，调用这个函数并输出结果。

```
1   # 定义一个简单的lambda函数，计算两个数的和
2   add = lambda x, y: x + y
3
4   # 使用lambda函数
5   result = add(5, 3)
6   print(result)  # 输出: 8
```

```
C:\Python310\python.exe C:\Users\huawei\PycharmProjects\pythonProject\demo.py
8

进程已结束,退出代码0
```

图 6-26

▶ 作为参数传递

lambda 函数经常用作高阶函数（如 map、filter 和 sorted）的参数。

map 函数是一种高阶函数，它接收一个函数和一个或多个可迭代对象作为输入，并返回一个迭代器，该迭代器包含将指定函数应用于输入可迭代对象的每个元素所得的结果。map 函数适用于对集合中的每个元素执行相同的操作。

map 函数的基本语法如下：

```
map(function, iterable, ...)
```

其中，function 是要应用于可迭代对象中每个元素的函数；iterable 是一个或多个可迭代对象（如列表、元组等）。调用 map 函数时，可迭代对象依次作为 function 函数的参数进行调用，最终返回一个 map 对象。

注意：图 6-27 中 map 函数的第一个参数是 add_suffix 函数，不能在 add_suffix 后面加圆括号，加了圆括号会导致函数被调用。

```
def add_suffix(host):
    return host + ".example.com"

hosts = ["web1", "db1"]
fqdn = map(add_suffix, hosts)
print(fqdn)
for i in fqdn:
    print(i)
```

```
C:\Python310\python.exe C:\Users\huawei\PycharmProjects\pythonProject\demo.py
<map object at 0x000001F0638EB7F0>
web1.example.com
db1.example.com

进程已结束,退出代码0
```

图 6-27

由于 add_suffix 函数非常简单，也可以不定义，直接使用匿名函数即可，如图 6-28 所示。

```
hosts = ["web1", "db1"]
fqdn = map(lambda host: host + ".example.com", hosts)

for i in fqdn:
    print(i)
```

```
C:\Python310\python.exe C:\Users\huawei\PycharmProjects\pythonProject\demo.py
web1.example.com
db1.example.com

进程已结束,退出代码0
```

图 6-28

filter 函数同样是一种高阶函数，它用于过滤可迭代对象中的元素。filter 函数接收两个参数：一个函数和一个可迭代对象。它会遍历可迭代对象中的每个元素，将元素传递给函数，如果函数返回 True，则该元素会被包含在返回的结果迭代器中；如果函数返回 False，则该元素会被排除。

filter 函数的基本语法如下：

```
filter(function, iterable)
```

其中，function 是一个判断函数，用于决定哪些元素应该被包含在返回的结果中。该函数应该接收一个参数（来自可迭代对象的元素），并返回一个布尔值。iterable 是要过滤的可迭代对象，如列表、元组等。

filter 与 lambda 匿名函数过滤 web 服务器示例如图 6-29 所示。

```
hosts = ["web1", "db1", "web2", "db2", "nfs1"]
# 过滤出web服务器：如果主机名以web开头返回True
webservers = filter(lambda host: host.startswith("web"), hosts)
for i in webservers:    # 遍历取值
    print(i)
```

```
C:\Python310\python.exe C:\Users\huawei\PycharmProjects\pythonProject\demo.py
web1
web2

进程已结束，退出代码0
```

图 6-29

sorted 函数是一个非常实用的内置函数，用于对可迭代对象（如列表、元组等）中的元素进行排序。sorted 函数返回一个新的列表，其中包含已排序的元素，而原始的可迭代对象保持不变。

sorted 函数的基本语法如下：

```
sorted(iterable, *, key=None, reverse=False)
```

其中，iterable 是要排序的可迭代对象；key（可选）是一个函数，用于从每个元素中提取一个用于比较的关键字，它的默认值为 None，表示直接比较元素本身；reverse（可选）是一个布尔值，指定排序顺序，如果为 True，则元素将以降序排列；如果为 False（默认值），则元素将以升序排列。

根据服务器负载进行排序，如图 6-30 所示。

```
hosts = [("web1", 75), ("web2", 80), ("web3", 68)]
result = sorted(hosts, key=lambda host: host[1])
for item in result:
    print(item)
print('-' * 30)
result = sorted(hosts, key=lambda host: host[1], reverse=True)  # 降序
for item in result:
    print(item)
```

```
C:\Python310\python.exe C:\Users\huawei\PycharmProjects\pythonProject\demo.py
('web3', 68)
('web1', 75)
('web2', 80)
------------------------------
('web2', 80)
('web1', 75)
('web3', 68)
```

图 6-30

6.3.2 递归函数

递归函数是一种特殊的函数，它通过直接或间接地调用自身来解决问题。递归函数在解决某些类型的问题时非常有用，特别是那些可以分解为更小、更易于管理的子问题的问题。然而，递归也需要谨慎使用，因为它可能导致无限递归，即函数永远不会结束。

递归函数通常遵循以下基本结构。

（1）基线条件：这是一个停止递归的条件。当满足基线条件时，函数将返回一个值而不是继续调用自身。基线条件是递归函数能够正确终止的关键。

（2）递归步骤：这是函数调用自身的部分。在递归步骤中，函数会将问题分解为更小的子问题，并调用自身来解决这些子问题。

阶乘函数是一个经典的递归函数示例。阶乘 n! 定义为所有小于或等于 n 的正整数的乘积，其中 0! = 1。

递归函数具体示例如图 6-31 所示。

第 6 章 函数式编程

```
def factorial(n):
    # 基线条件：如果n是0或1，返回1
    if n == 0 or n == 1:
        return 1
    # 递归步骤：n! = n * (n-1)!
    return n * factorial(n - 1)

# 测试阶乘函数
print(factorial(5))   # 输出：120
```

```
C:\Python310\python.exe C:\Users\huawei\PycharmProjects\pythonProject\demo.py
120

进程已结束,退出代码0
```

图 6-31

6.3.3　生成器函数

生成器函数是一个使用 yield 关键字而不是 return 关键字的函数。当调用生成器函数时，它不会立即执行函数体中的代码，而是返回一个生成器对象。可以通过迭代这个生成器对象来逐个获取函数体中 yield 语句产生的值。

生成器的优点如下。

▶ **内存效率：** 生成器按需生成值，而不是一次性将所有值加载到内存中，这对于处理大量数据或无限数据流非常有用。

▶ **延迟计算：** 生成器允许延迟计算，即只在需要时才计算值，这可以提高程序的响应速度和效率。

▶ **简洁的代码：** 使用生成器可以编写更简洁、更易读的代码，特别是当需要处理复杂迭代逻辑时。

下面是一个简单的生成器函数例子。生成器函数使用 yield 关键字来产生值，每次迭代生成器时，函数将执行到下一个 yield 语句，并返回该语句产生的值。然后，函数将暂停执行，直到下一次迭代，如图 6-32 所示。

151

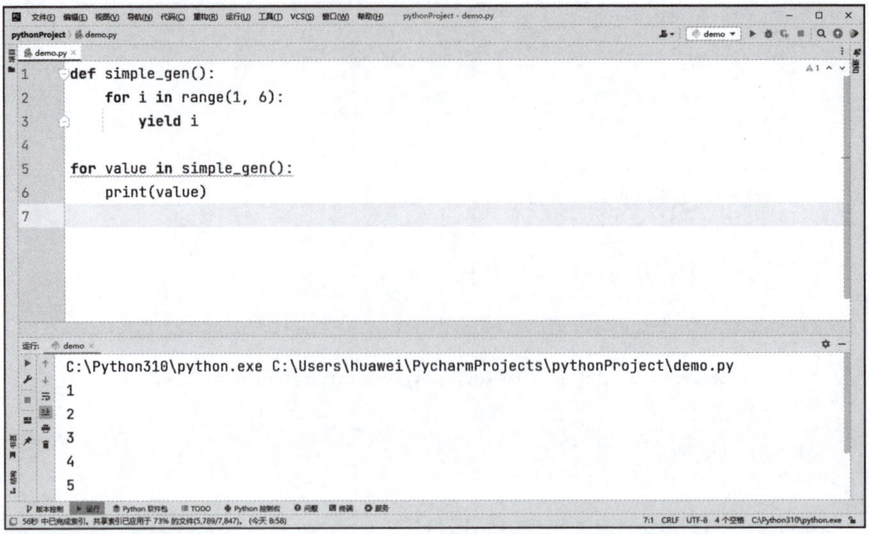

```
def simple_gen():
    for i in range(1, 6):
        yield i

for value in simple_gen():
    print(value)
```

```
C:\Python310\python.exe C:\Users\huawei\PycharmProjects\pythonProject\demo.py
1
2
3
4
5
```

图 6-32

当处理大文本文件时，一行一行读取数据处理效率太低，一次读取全部又太多。这时可以使用生成器函数，每次返回文件的 10 行内容。

在生成器函数内，使用 lines 列表保存每次需要 yield 的内容，当列表中的数据被取出后，列表清空，以便保存下一次产生的数据。如果文件剩余的行数少于 10 行，函数将在循环结束后检查 lines 列表，如果它不为空，则使用 yield 返回剩余的行，如图 6-33 所示。

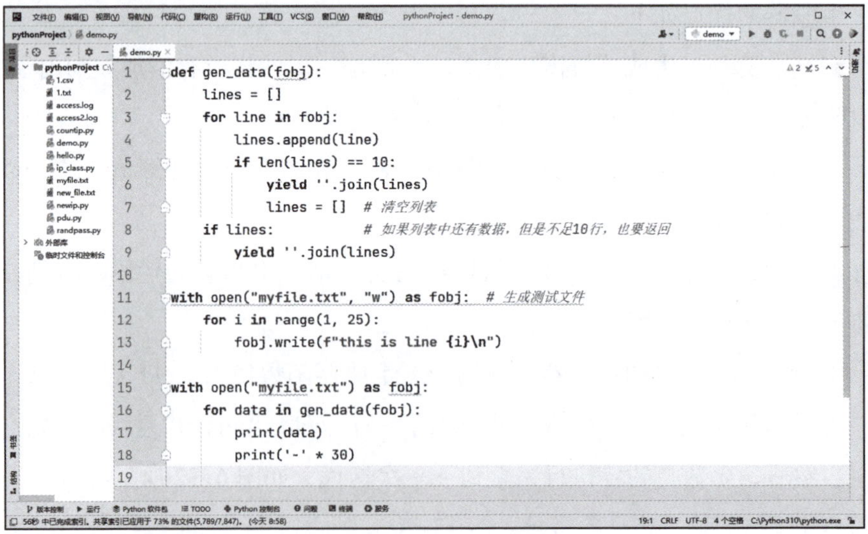

```
def gen_data(fobj):
    lines = []
    for line in fobj:
        lines.append(line)
        if len(lines) == 10:
            yield ''.join(lines)
            lines = []       # 清空列表
    if lines:                 # 如果列表中还有数据，但是不足10行，也要返回
        yield ''.join(lines)

with open("myfile.txt", "w") as fobj:    # 生成测试文件
    for i in range(1, 25):
        fobj.write(f"this is line {i}\n")

with open("myfile.txt") as fobj:
    for data in gen_data(fobj):
        print(data)
        print('-' * 30)
```

图 6-33

6.3.4 闭包

闭包是指一个函数，它能够记住并访问它的词法作用域，即使这个函数在其词法作用域之外执行。闭包允许函数捕获并封装外部状态，并创建具有私有变量的函数。

要创建一个闭包，首先，需要在一个外部函数中定义一个内部函数，并且内部函数引用了外部函数的局部变量。然后，将内部函数返回或传递给其他函数。由于内部函数引用了外部函数的局部变量，这些变量在外部函数执行完毕后不会被垃圾回收，而是会被内部函数保留，从而形成闭包。

闭包由两个部分组成：一个内部函数和一个定义了这个内部函数的作用域环境。

图 6-34 是一个简单的闭包示例。

```
def counter(factor):
    def multiplier(number):
        return number * factor
    return multiplier

# 创建闭包
double = counter(2)
triple = counter(3)
# 使用闭包
print(double(5))   # 输出: 10
print(triple(5))   # 输出: 15
```

```
C:\Python310\python.exe C:\Users\huawei\PycharmProjects\pythonProject\demo.py
10
15

进程已结束,退出代码0
```

图 6-34

在这个例子中，counter 是一个外部函数，它接收一个参数 factor 并返回一个内部函数 multiplier。内部函数 multiplier 引用了外部函数 counter 的局部变量 factor，从而形成了闭包。当 counter 被调用时，它返回内部函数 multiplier，此时 multiplier 就记住了 factor 的值。然后，我们可以创建不同的闭包（如 double 和 triple），它们各自记住了不同的 factor 值。

6.3.5 装饰器

装饰器本质上就是闭包的一种应用。装饰器可以接收一个函数作为参数，并返回一个新的函数，从而在不修改原始函数代码的情况下扩展其功能。

装饰器是一个函数，它接收一个函数（或类）作为参数，并返回一个新的函数（或类）。这个新的函数（或类）在调用时会执行一些额外的逻辑，然后调用原始的函数（或类的方法）。

装饰器遵循开放/封闭原则，即对扩展开放，对修改封闭。装饰器可以在不修改原有代码的情况下，为函数或类添加新的行为。

要创建一个装饰器，需要定义一个接收函数作为参数的函数，并在该函数内部定义一个新的函数。新的函数会包含想要添加的额外逻辑，并在适当的时候调用原始函数。最后，装饰器函数会返回这个新定义的函数。

装饰器在"装饰"函数时，需要在定义的函数上方添加"@装饰器函数"。图6-35是一个简单的装饰器示例。

```python
def deco(func):
    def wrapper():
        print("func函数调用前执行")
        func()
        print("func函数调用前执行")
    return wrapper

@deco
def say_hello():
    print("Hello!")
# 调用函数
say_hello()
```

```
C:\Python310\python.exe C:\Users\huawei\PycharmProjects\pythonProject\demo.py
func函数调用前执行
Hello!
func函数调用前执行
```

图 6-35

当调用 say_hello 函数时，最终执行的其实是 wrapper 函数。由于 say_hello 函数被 deco 函数装饰，say_hello 作为 deco 的参数赋值给 func，返回 wrapper 函数。代码的最后，say_hello 函数调用时，就是调用 wrapper 函数，wrapper 函数在 func 函数（say_hello 函数）调用前、调用后各输出一行文字。

既然调用 say_hello 函数就是调用 wrapper 函数，那么传参问题将迎刃而解了，让 wrapper 函数带有参数，就可以在调用 say_hello 函数时传参。

```
def deco_a(func):
    def wrapper(name):
        print("deco_a之前")
        func(name)
        print("deco_a之后")
    return wrapper

@deco_a
def say_hello(name):
    print(f"Hello {name}!")

say_hello("张三")
```

```
C:\Python310\python.exe C:\Users\huawei\PycharmProjects\pythonProject\demo.py
deco_a之前
Hello 张三!
deco_a之后
```

图 6-36

可以将多个装饰器应用于同一个函数或类，形成装饰器链。装饰器将按照从内到外的顺序应用。本质上就是"套娃"，理解了一个装饰器的使用，两个装饰器的使用也是一样的原理，如图 6-37 和图 6-38 所示。

```
def deco_a(func):
    def wrapper():
        print("deco_a之前")
        func()
        print("deco_a之后")
    return wrapper

def deco_b(func):
    def wrapper():
        print("deco_b之前")
        func()
        print("deco_b之后")
    return wrapper

@deco_a
@deco_b
def say_hello():
    print("Hello!")

say_hello()
```

图 6-37

图 6-38

6.4 综合练习

6.4.1 数学口算题

有一些适合小学生玩的寓教于乐小游戏，如钓鱼游戏，鱼的身上有个简单的加减法算式，如果给出正确的答案，就可以把鱼钓上来，如果算错三次，鱼会快速游走。写一个程序，以实现计算功能。

要求：

（1）随机生成 1~50 之间的两个整数。

（2）随机生成加减法。

（3）如果是减法，不能出现负数。

（4）通过循环进行连续计算。

（5）如果连续算错三次，给出正确答案。

分析：

（1）Python 的内建模块 random 的 randint 方法可以生成指定范围的随机

整数。

（2）random 模块中的 choice 方法可以随机取出给定序列对象的一项，可用于取出加减符号。

（3）将随机取出的数字放到列表中，再进行降序排列，第一个数字减第二个数字，就不会出现负数了。

（4）连续算错三次就给出正确答案，可以通过循环的 else 功能实现。

参考代码：

```python
import random

def add(x, y):
    return x + y

def sub(x, y):
    return x - y

def fishing():
    calc = {'+': add, '-': sub}
    nums = [random.randint(1, 50) for i in range(2)]
    nums.sort(reverse=True)
    op = random.choice("+-")
    result = calc[op](*nums)
    prompt = f"{nums[0]} {op} {nums[1]} = "
    for i in range(3):
        answer = int(input(prompt))
        if answer == result:
            print("Eat")
            break
        print("计算错误")
    else:
        print(f"正确答案:{prompt}{result}")

def main():
```

```
while True:
    fishing()
    yn = input(" 还要继续吗 (y/n)?").strip()[0]
    if yn in 'nN':
        print(" 结束 ")
        break

main()
```

下面把代码中的主要部分解释一下。

```
calc = {'+': add, '-': sub}
```

这里的 calc 是字典，字典的 key 分别是加减号，值是两个函数 add 和 sub。注意 add 和 sub 函数的后面是绝对不能有圆括号的。有圆括号的 add() 是函数调用，也就是要执行 add 函数，结果放到字典里，成为值。由此可以看出，字典不仅可以存储简单的数字、字符串等对象，也可以把函数存入字典。

```
result = calc[op](*nums)
```

这行代码的作用是计算正确答案。其中，op 是从 random.choice("+-") 随机选出的加号或减号，然后将它用作字典 calc 的 key，从字典中取出对应的加减法函数来执行运算。 *nums 用于将 nums 列表解开，得到两个数字，因为无论是 add 还是 sub 函数都需要两个参数。假如 op 取出的是加号，nums 列表是 [30, 8]，那么结果如下：

```
result = calc['+'](*[30,8])
```

在字典中取出函数，把列表解开，最终结果为：

```
result = add(30, 8)
```

main 函数中的代码为：

```
yn = input(" 还要继续吗 (y/n)?").strip()[0]
```

其中，input() 函数则获取用户的键盘输入，用户在输入时，有可能会在开头或结尾加上空格，也可能输入多个字符。无论用户输入什么，input() 函数返回的结果都是字符串，通过 strip 方法，将字符串两端的空格移除，再通过下标 0 取出第一个字符。

用户输入的可能是大写字母,也可能是小写字母,只要首字母是 n,无论大小写都会结束循环。如果用户输入字符的首字母不是 n,都会继续,并不是一定要输入 y。所以有了以下写法:

```
if yn in 'nN':
    print("结束")
    break
```

另外,程序开头定义了两个加减法函数,这两个函数的函数体只有一行代码,因此,也可以不定义,直接使用匿名函数。完整代码如下:

```python
import random

def fishing():
    calc = {
        '+': lambda x, y: x + y,
        '-': lambda x, y: x - y
    }
    nums = [random.randint(1, 50) for i in range(2)]
    nums.sort(reverse=True)
    op = random.choice("+-")
    result = calc[op](*nums)
    prompt = f"{nums[0]} {op} {nums[1]} = "
    for i in range(3):
        answer = int(input(prompt))
        if answer == result:
            print("Eat")
            break
        print("计算错误")
    else:
        print(f"正确答案:{prompt}{result}")

def main():
    while True:
```

```
        fishing()
        yn = input("还要继续吗 (y/n)?").strip()[0]
        if yn in 'nN':
            print("结束")
            break


main()
```

程序在运行时，如果用户在计算时输入的是非数字字符，程序会报错并终止执行；如果询问用户是否继续，用户直接按 Enter 键，也会报错。这些将在后续章节中的异常处理部分去解决。

运行结果如图 6-39 所示。

图 6-39

6.4.2　计算程序运行时间

在平时工作中，我们写了一些运维脚本，相关功能已经写成函数。在程序整体运行过程中消耗的时间较长，下面检查一下是哪个操作慢。

要求：

（1）程序运行结束后，要给出每个函数的执行时间。

（2）代码要可以重用，相同功能的代码只出现一次。

分析：

（1）时间模块 time 的 time 方法返回自 1970-1-1 0:00:00 到运行 time.time() 之间的秒数（时间戳），只要分别取出函数调用前和调用后的时间戳，相减就得到了函数的运行时间。

（2）代码要可以反复利用，每个函数需要计算运行时间，使用装饰器能完美解决。

参考代码：

```python
import time

def deco(func):
    def timeit():
        start = time.time()
        func()
        end = time.time()
        print(f"此函数运行了:{end - start}秒")
    return timeit

@deco
def func1():
    print('函数开始运行')
    time.sleep(0.5)
    print('函数运行结束')

@deco
def func2():
    print('函数开始运行')
    time.sleep(3)
    print('函数运行结束')

func1()
func2()
```

在以上代码中，func1 和 func2 模拟了两个功能函数，time.sleep 的作用是让代码睡眠指定的秒数，模拟某一操作需要执行的时间。

程序运行结果如图 6-40 所示。

图 6-40

6.5 用 DeepSeek 生成单元测试代码

6.5.1 单元测试

单元测试（Unit Testing）是一种软件测试方法，旨在验证代码中的单个组件（通常是函数、方法或类）是否按预期工作。验证这些单元的功能是否正确，主要目的是判断某一组件是否符合预期的行为，以便在早期发现代码中的错误，提高软件的质量和可靠性。

一般的测试内容有。

▶ **正常情况测试**：提供符合单元功能预期的输入数据，验证输出是否正确。

▶ **边界情况测试**：测试输入数据的边界值，如最小值、最大值、空值等，以确保单元在极端情况下的稳定性。

▶ **异常情况测试**：提供会导致异常的输入数据，验证单元是否能正确处理异常并抛出适当的异常信息。

6.5.2 用 DeepSeek 自动生成单元测试代码

本章编写了一个数学口算题的代码，它是否存在问题呢？带着这个疑问，下面让 DeepSeek 帮忙生成单元测试代码，执行该单元测试代码，可以找出程序中的潜在问题。

打开代码文件，直接在 DeepSeek 对话框中输入"请帮我编写单元测试代码"，就可以了。根据 DeepSeek 的提示，把单元测试代码保存到文件中并运行，如图 6-41 和图 6-42 所示。

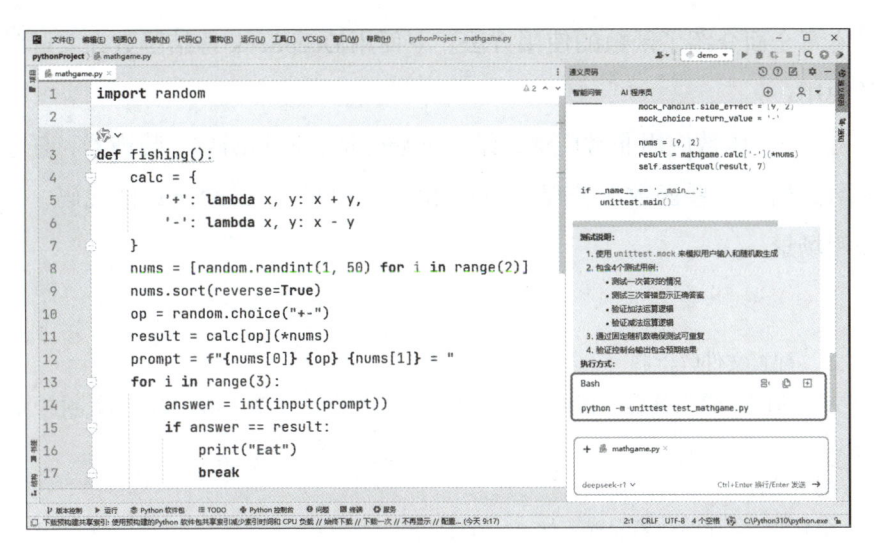

图 6-41

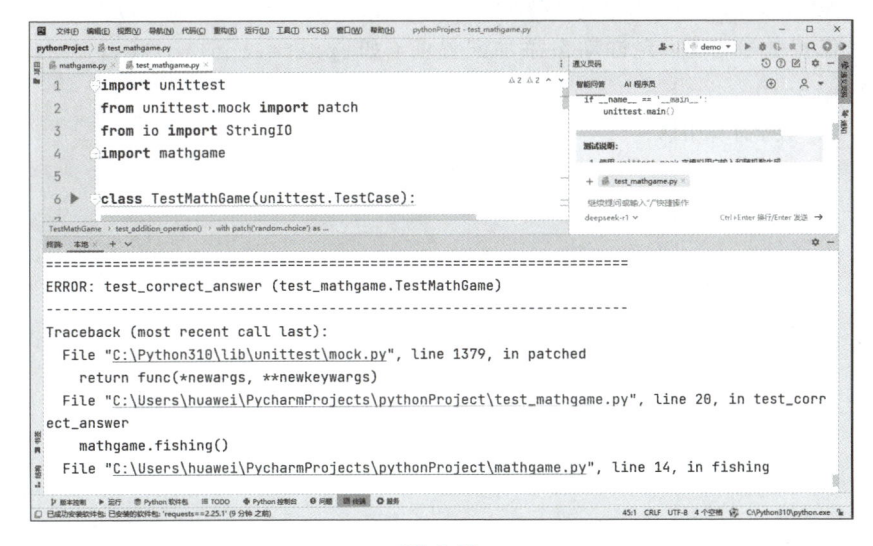

图 6-42

unittest 模块默认没有安装，需要先安装它：

```
pip install unittest
```

更多模块管理知识将在第 7 章介绍。

在按照提示运行单元测试代码后，潜在的问题都被打印出来了。

6.6 DeepSeek 知识点总结

本章全面介绍了函数的使用方法。下面用 DeepSeek 总结函数在实际编码中的使用。

提示词：函数应用非常广泛，结合全局变量、递归函数、装饰器、任意数量参数，给出一些函数在编程中的具体应用案例，不必给出具体代码，只给出使用场景。

DeepSeek 回答：

1. 配置文件解析器

场景描述：递归解析嵌套的配置文件（如 JSON/YAML），动态加载配置项并支持扩展。

技术结合：

全局变量：存储全局配置（如 GLOBAL_CONFIG）。

装饰器：自动将配置项注入到函数参数中（如 @load_config 装饰器）。

递归函数：遍历多层嵌套的配置结构（如 parse_nested_config()）。

任意数量参数：允许动态添加配置项（如 update_config(key, value, **kwargs)）。

2. 数学计算引擎

略

3. 游戏状态管理系统

略

4. 日志系统增强

略

5. 权限管理系统

略

6. 数据处理流水线

略

追问：请给出配置文件解析器的具体案例。

DeepSeek 回答：

```python
import json

# 全局变量,用于存储全局配置
GLOBAL_CONFIG = {}

# 装饰器,用于自动将配置项注入到函数参数中
def load_config(func):
    def wrapper(*args, **kwargs):
        # 将全局配置合并到函数的关键字参数中
        kwargs.update(GLOBAL_CONFIG)
        return func(*args, **kwargs)
    return wrapper

# 递归函数,用于解析嵌套的配置结构
def parse_nested_config(config):
    if isinstance(config, dict):
        result = {}
        for key, value in config.items():
            # 递归解析嵌套的字典
            result[key] = parse_nested_config(value)
        return result
    elif isinstance(config, list):
        return [parse_nested_config(item) for item in config]
    else:
        return config

# 函数,用于更新配置项,支持任意数量的参数
def update_config(config_file_path, **kwargs):
    global GLOBAL_CONFIG
```

```python
    try:
        # 打开配置文件并读取内容
        with open(config_file_path, 'r', encoding='utf-8') as file:
            config = json.load(file)
        # 递归解析配置
        parsed_config = parse_nested_config(config)
        # 更新全局配置
        GLOBAL_CONFIG.update(parsed_config)
        # 动态更新配置项
        GLOBAL_CONFIG.update(kwargs)
    except FileNotFoundError:
        print(f"错误:未找到文件 {config_file_path}。")
    except json.JSONDecodeError:
        print(f"错误:无法解析文件 {config_file_path} 中的 JSON 数据。")
    except Exception as e:
        print(f"发生未知错误:{e}。")


# 示例函数,使用装饰器加载配置
@load_config
def print_config(**kwargs):
    print("当前配置:")
    for key, value in kwargs.items():
        print(f"{key}: {value}")


if __name__ == "__main__":
    # 请将 'config.json' 替换为实际的配置文件路径
    config_file_path = 'config.json'
    # 更新配置,可传入额外的配置项
    update_config(config_file_path, new_key='new_value')
    # 调用示例函数,自动加载配置
    print_config()
```

全局变量:GLOBAL_CONFIG 用于存储全局配置信息,方便在不同函数中访问。

装饰器:load_config 装饰器会将全局配置合并到函数的关键字参数中,使得函数可以直接使用配置项。

递归函数:parse_nested_config 函数用于递归解析嵌套的字典和列表结构,确保配置文件中的所有层级都能被正确解析。

任意数量参数：update_config 函数接收一个配置文件路径和任意数量的关键字参数，用于动态更新配置项。

使用方法：

你需要创建一个名为 config.json 的配置文件，例如：

```
{
    "database": {
        "host": "localhost",
        "port": 3306
    },
    "app": {
        "name": "MyApp",
        "version": "1.0"
    }
}
```

运行上述代码，即可解析配置文件并输出当前配置信息。同时，你可以在调用 update_config 函数时传入额外的配置项，动态更新全局配置。

第 7 章　模块

7.1　模块基础

7.1.1　模块基本概念

模块是一个包含 Python 定义和声明的文件，文件名就是模块名加上 .py 后缀。模块是 Python 组织代码的一种方式，它可以将相关的函数、类和变量封装在一起，以便在其他位置重用。

模块的主要作用如下：

代码重用：模块可以将常用的功能封装起来，然后在不同的程序或脚本中重复使用，避免重复编写相同的代码。

命名空间管理：模块提供了一个独立的命名空间，可以避免命名冲突。每个模块都有自己的全局变量，因此在一个模块中定义的变量不会影响其他模块。

结构清晰：将代码拆分成多个模块可以使项目结构更加清晰，易于维护和管理。

7.1.2　定义模块

创建一个 Python 文件，文件名即模块名。例如，创建一个名为 mymodule.py 的文件。

在该文件中定义函数、类和变量。这些定义将成为该模块的一部分。

既然模块就是一个 Python 文件，那么它本身也是可以执行的，如图 7-1 所示。

第 7 章 模块

[图片:PyCharm 显示 mymodule.py 代码]

```
width = 60

def show_msg(msg="IMPORTANT MESSAGE"):
    print('*' * width)
    print(f"*{msg.center(width-2)}*")
    print('*' * width)

show_msg()
```

运行结果:
```
C:\Python310\python.exe C:\Users\huawei\PycharmProjects\pythonProject\mymodule.py
************************************************************
*                     IMPORTANT MESSAGE                     *
************************************************************

进程已结束,退出代码0
```

图 7-1

7.1.3 导入模块

在一个 Python 文件中用 import 语句导入模块。导入模块后,就可以使用模块中定义的函数、类和变量了,方式为"模块名.对象"。

导入模块有很多方式,标准导入方式为:

```
import mymodule
```

示例代码,如图 7-2 所示。

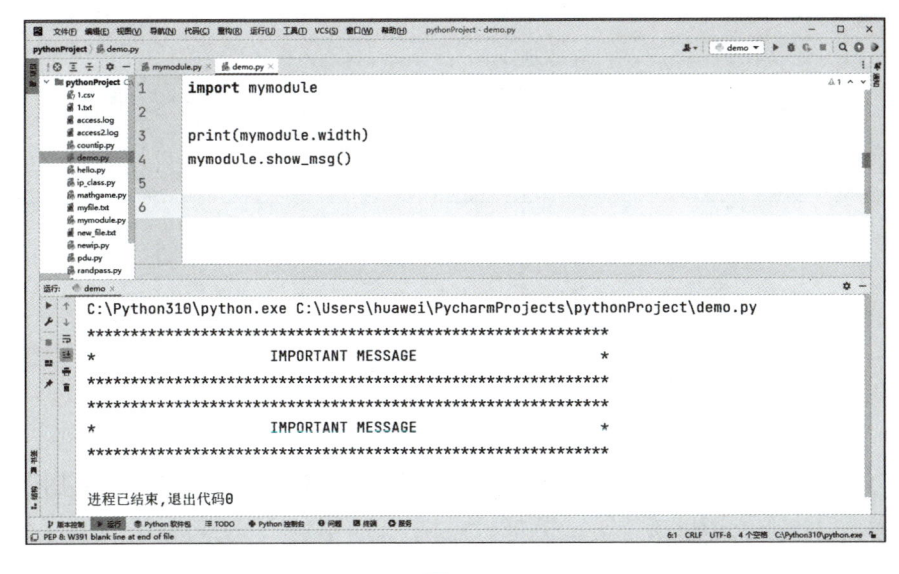

[图片:PyCharm 显示 demo.py 代码]

```
import mymodule

print(mymodule.width)
mymodule.show_msg()
```

运行结果:
```
C:\Python310\python.exe C:\Users\huawei\PycharmProjects\pythonProject\demo.py
************************************************************
*                     IMPORTANT MESSAGE                     *
************************************************************
************************************************************
*                     IMPORTANT MESSAGE                     *
************************************************************

进程已结束,退出代码0
```

图 7-2

169

也可以在一行中导入多个模块：

```
import mymodule, random, os
```

但是一行中导入多个模块可读性不强，建议采用标准导入方式，每个模块分别用一个 import 语句导入：

```
import mymodule
import random
import os
```

也可以采用带别名的导入方式，这种方式可以为模块或模块中的特定内容指定一个别名，以便在代码中更简洁地引用：

```
import mymodule as mm
```

示例代码，如图 7-3 所示。

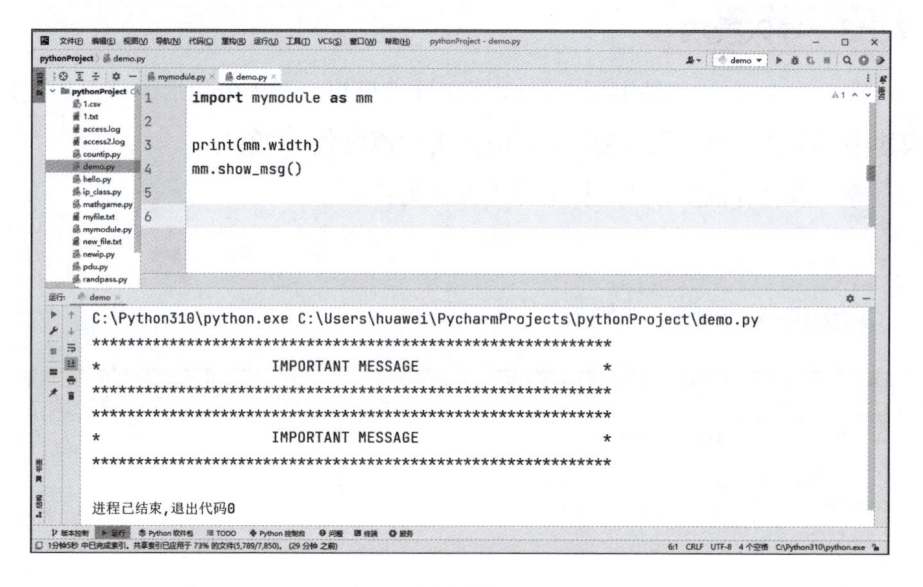

图 7-3

还可以从模块导入特定内容：

```
from mymodule import show_msg
```

示例代码，如图 7-4 所示。

这种方式只导入模块中的特定函数、类或变量，并且可以直接使用，不需要通过模块名前缀。

第 7 章 模块

```
from mymodule import show_msg

show_msg()
```

```
C:\Python310\python.exe C:\Users\huawei\PycharmProjects\pythonProject\demo.py
**************************************************
*                 IMPORTANT MESSAGE               *
**************************************************
**************************************************
*                 IMPORTANT MESSAGE               *
**************************************************

进程已结束,退出代码0
```

图 7-4

7.1.4 模块导入特性

在执行 demo.py 时发现，虽然在 demo.py 中只调用了一次 show_msg 函数，但是输出了两次"IMPORTANT MESSAGE"信息。这是因为其他程序使用 import 语句导入模块时，Python 解释器会执行模块中的所有顶级代码。

mymodule 模块的尾部调用了 show_msg 函数，demo.py 导入 mymodule 模块时执行了 show_msg 函数。因此，在 demo.py 中执行 import mymodule 时，show_msg 函数输出了"IMPORTANT MESSAGE"信息。

如何解决这个问题呢？那就不得不提内置的属性 __name__ 了。每个模块都有一个内置的属性，即 __name__。这个属性在导入模块时自动设置，其值取决于模块是如何被使用的。了解 __name__ 属性的值及其应用可以帮助我们编写更灵活和可重复使用的代码。

__name__ 是一个提前定义好的变量。当模块直接运行时，__name__ 属性的值被设置为 __main__。当模块被导入到其他模块中时，__name__ 属性的值被设置为该模块的名字（不带 .py 后缀）。

为了展示这个特性，下面编写一个非常简单的模块，名为 foo.py，代码只有一行，输出 __name__ 的值，如图 7-5 所示。

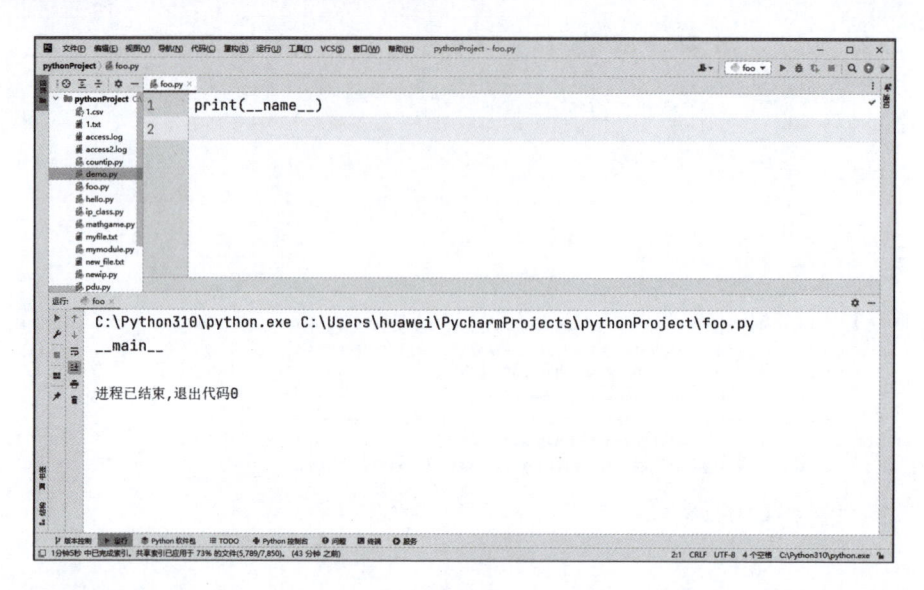

图 7-5

直接运行 foo.py 时，__name__ 的值为 __main__。

再编写一个模块文件，名为 bar.py，它也只有一行导入模块的代码，如图 7-6 所示。

图 7-6

执行 bar.py 时将会导入 foo 模块，foo 模块的顶级代码要执行一次，因此执行了 print(__name__)。此时 foo.py 文件并没有直接运行，是在被导入时执

第 7 章　模块

行的，所以 foo 模块中的 __name__ 值就是模块名 foo。

利用 __name__ 属性的值，可以编写既能作为脚本直接运行，也能作为模块导入的代码。这通常通过检查 __name__ 的值是否为 __main__ 来实现，如图 7-7 所示。

图 7-7

在 foo 模块中加入判断 __name__ 值是否为 __main__ 的语句，直接执行 foo.py，由于判断条件成立，print 语句输出了 __name__ 的值 __main__。

图 7-8

在执行 bar.py 时，导入 foo 模块，仍然会执行 foo 模块中的顶级代码，但

173

是此时 __name__ 的值是模块名 foo，它不等于 __main__，判断条件不成立，print 语句也不会执行了，屏幕上没有任何输出。

基本上，每个模块文件的末尾都添加 if __name__ == "__main__": 块，用来编写测试代码或演示代码。这样，当模块直接运行时，测试代码会执行；当导入模块时，测试代码不会执行。

mymodule 模块的改写内容，如图 7-9 所示。

图 7-9

在 demo.py 中导入 mymodule 模块，就不会出现意外的调用了，如图 7-10 所示。

图 7-10

> **小技巧**：在 PyCharm 中，直接输入 main 后按 Enter 键，if __name__ == main: 可以直接补全。

7.1.5 代码布局

在 Python 代码中，全局变量声明、类声明、函数定义、模块导入等语句通常出现在特定的位置，以遵循 Python 的语法规则和最佳实践。

▶ 模块导入

模块导入语句通常出现在文件的顶部，位于函数定义或全局变量声明之前。这是为了确保在函数或变量使用之前，所需的模块已经被加载。

```python
# 导入标准库模块
import os

# 导入第三方模块
import requests

# 从模块中导入特定内容
from datetime import datetime

# 导入自定义模块
import mymodule
```

▶ 全局变量声明

全局变量声明通常也出现在文件的顶部，位于模块导入之后，但在类声明、函数定义之前。全局变量在整个文件范围内都是可见的，但最好在函数内部尽量避免直接修改全局变量，以保持代码的清晰和可维护性。

```python
# 全局变量声明
DEBUG = True
API_KEY = 'your_api_key_here'

# 函数定义
def log_message(message):
    if DEBUG:
        print(message)
```

▶ 类声明

类声明通常出现在模块的顶层,即在模块导入和全局变量声明之后,但在函数定义之前。这样做的好处是保持代码的组织结构清晰,并且使类在模块范围内都是可见的,从而可以被模块中的其他函数或其他模块导入并使用。

关于类的知识,将在后续章节详细介绍。

```python
# 导入模块
import some_module

# 全局变量声明
GLOBAL_VAR = "I am a global variable"

# 类声明
class MyClass:
    def __init__(self, value):
        self.value = value

    def display(self):
        print(f"The value is: {self.value}")

# 函数定义
def use_my_class():
    obj = MyClass(GLOBAL_VAR)
    obj.display()

# 主程序入口
if __name__ == "__main__":
    use_my_class()
```

▶ 函数定义

函数定义出现在模块导入和全局变量声明、类声明之后。在 Python 中,函数定义遵循 def 关键字后跟函数名和参数列表,然后是冒号和缩进的函数体。

```python
# 函数定义
def greet(name):
```

```
    return f"Hello, {name}!"

def main():
    print(greet("Alice"))
```

▶ 主程序入口（if name == "main"：块）

如果脚本既可以作为模块导入，也可以作为主程序运行，通常会使用 if __name__ == "__main__": 块来包含主程序的入口点代码。这样，当脚本被直接运行时，该块内的代码会执行；而当脚本被导入到其他模块中时，该块内的代码不会执行。代码如下：

```
# 主程序入口
if __name__ == "__main__":
    main()
```

完整示例如下：

```
# 导入模块
import math
import random

# 全局变量声明
PI = math.pi
DEBUG = True

# 类声明
class Circle:
    def __init__(self, radius):
        self.radius = radius

    def area(self):
        return PI * (self.radius ** 2)

    def circumference(self):
        return 2 * PI * self.radius

# 函数定义
```

```python
def generate_random_circle():
    radius = random.uniform(1, 10)
    return Circle(radius)

def print_circle_info(circle):
    print(f"圆直径：{circle.radius}")
    print(f"圆面积：{circle.area()}")
    print(f"圆周长：{circle.circumference()}")

# 主程序入口
if __name__ == "__main__":
    if DEBUG:
        print("Debug mode is on.")

    # 创建一个随机的圆
    random_circle = generate_random_circle()

    # 输出圆的信息
    print_circle_info(random_circle)
```

> **小技巧**：在编写代码时，为了可读性更好，经常要在特定位置加上一些空行或空格。在 PyCharm 中，可以按组合键 Ctrl + Alt + L 自动格式化代码。

7.1.6 使用第三方模块

第三方模块是指那些不由 Python 官方开发，而是由社区或第三方开发者创建并发布的 Python 库和框架。这些模块通常提供了额外的功能，如数据处理、网络编程、科学计算、Web 开发、图形用户界面（Graphical User Interface，GUI）等，极大地扩展了 Python 的应用范围和能力。

在 Python 中，安装第三方模块通常使用包管理工具 pip。pip 是 Python 官方推荐的包管理工具，它可以从 Python 包索引（PyPI）下载并安装第三方模块。

首先，要确保已安装 pip。现在大多数 Python 安装都自带 pip，可以通过以下命令来检查 pip 是否已安装，如图 7-11 所示。

第 7 章 模块

图 7-11

然后，安装第三方模块，通过 PyCharm 工具直接安装，如图 7-12 和图 7-13 所示。

图 7-12

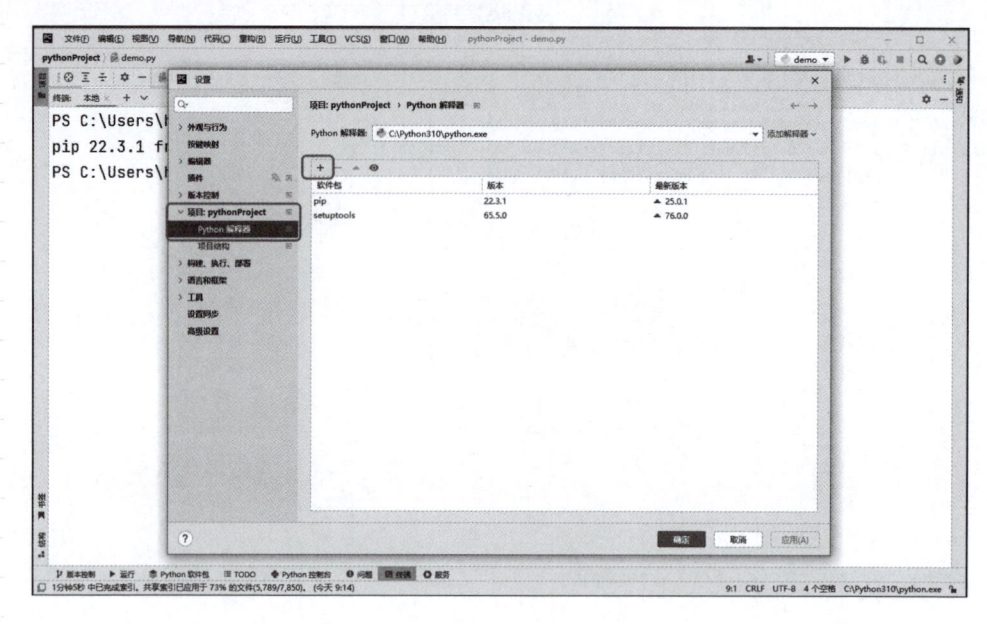

图 7-13

最后，搜索需要安装的模块，找到后默认安装最新版本，也可以选择其他版本，如图 7-14 所示。

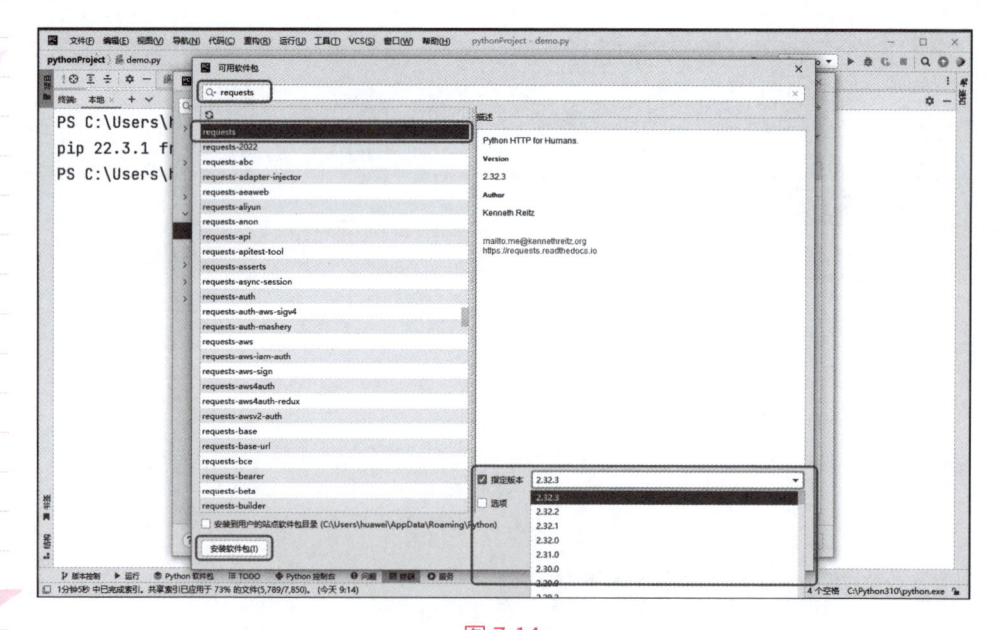

图 7-14

安装成功后返回前一窗口，可以看到已安装的模块，如果还需要安装其他依赖模块，也会一并安装，如图 7-15 所示。

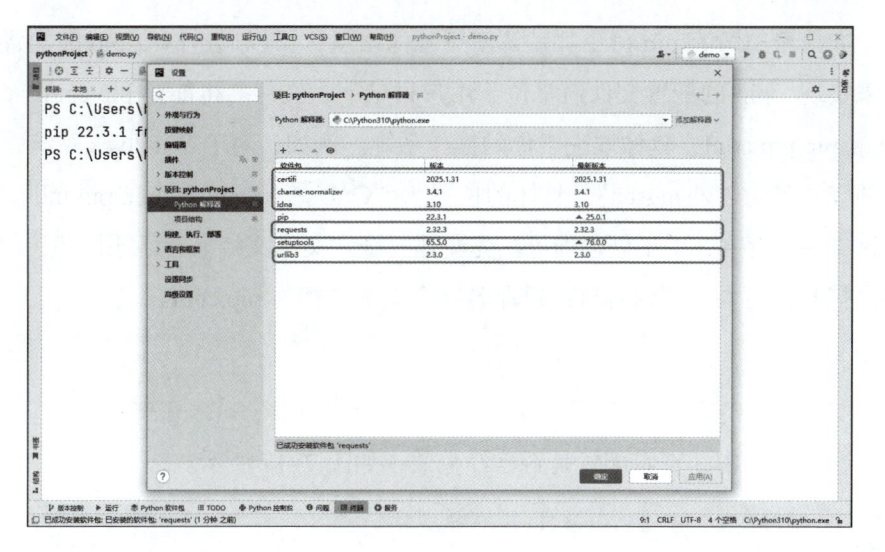

图 7-15

另外，还可以在命令行中通过 pip 命令直接安装。默认情况下，pip 会向 PyPI 官网发起请求，有可能安装速度缓慢，这时可以配置国内镜像加速站点实现提速。

如果只想在单次安装或更新版本时使用镜像站点，可以在 pip 命令后直接添加 –i 参数来指定镜像源。例如，可以使用清华大学的镜像源来安装 requests 包：

```
pip install requests -i https://pypi.tuna.tsinghua.edu.cn/simple
```

结果如图 7-16 所示。

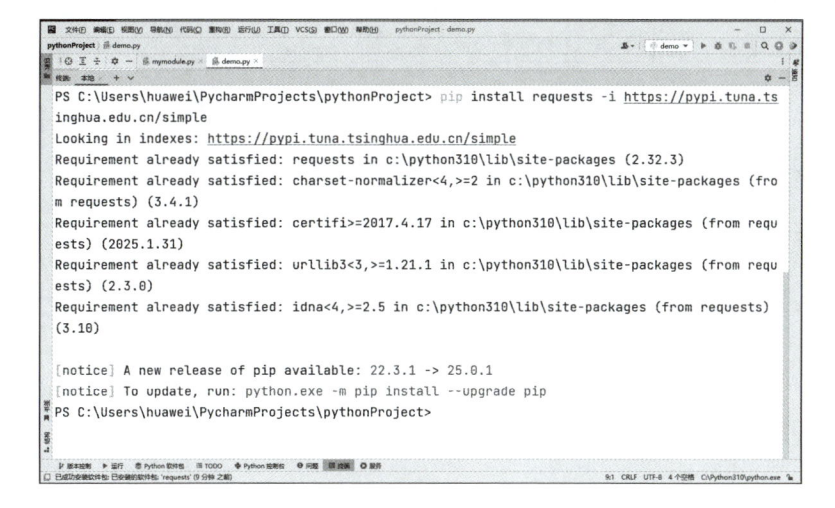

图 7-16

如果希望所有 pip 命令都默认使用镜像站点，可以通过修改 pip 的配置文件来实现。pip 的配置文件通常位于用户目录下，文件名可能是 pip.conf、pip.ini 或 pip/pip.conf，具体取决于你的操作系统。例如，对于 Windows 系统，用户的登录名为"zhangsan"，具体的位置为"C:\Users\zhangsan\pip\pip.ini"。如果该文件不存在，手工创建即可。先新建一个"文本文档"，然后用"记事本"程序打开，写入以下内容后，重命名这个文本文档为 pip.conf。

```
[global]
index-url = https://pypi.tuna.tsinghua.edu.cn/simple
```

在命令行中，查看配置是否已经生效，如图 7-17 所示。

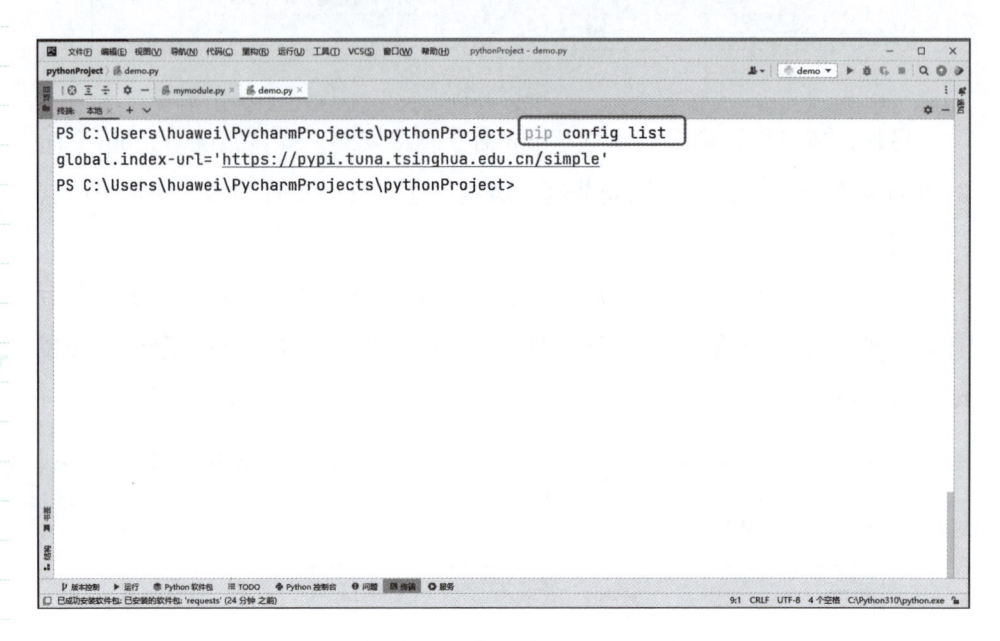

图 7-17

接着，查看 Pillow 模块的版本，如图 7-18 所示。

```
pip index versions Pillow
```

第 7 章 模块

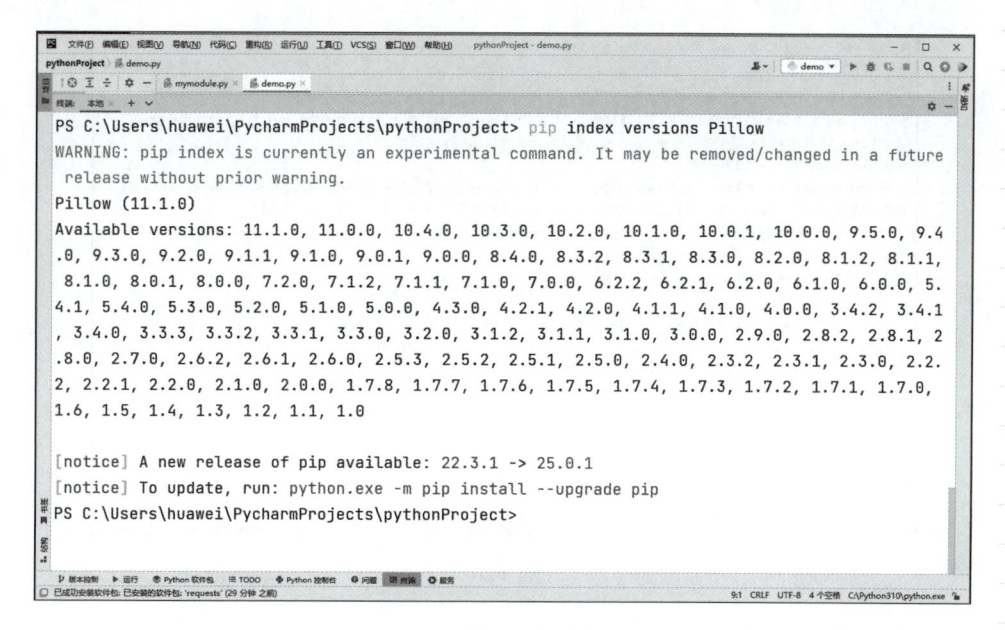

图 7-18

也可以在安装时在模块名后使用双等号，但是不指定具体版本，查看报错输出，如图 7-19 所示。

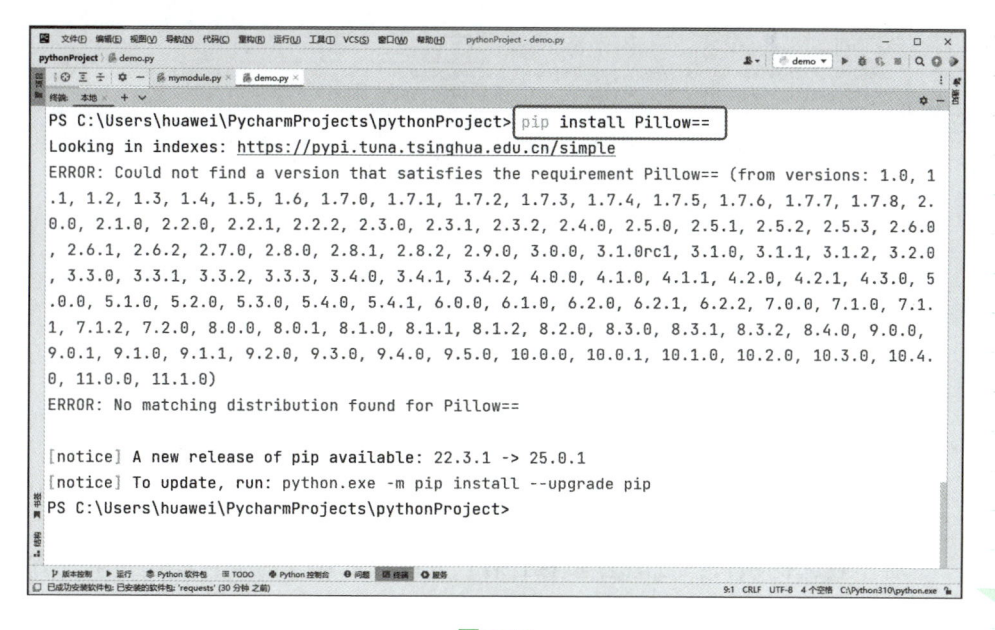

图 7-19

安装指定版本的 Pillow，如图 7-20 所示。

零基础玩转 DeepSeek：秒懂 Python 编程

```
PS C:\Users\huawei\PycharmProjects\pythonProject> pip install Pillow==10.4.0
Looking in indexes: https://pypi.tuna.tsinghua.edu.cn/simple
Collecting Pillow==10.4.0
  Downloading https://pypi.tuna.tsinghua.edu.cn/packages/f4/72/0203e94a91ddb4a9d5238434ae6c1ca
10e610e8487036132ea9bf806ca2a/pillow-10.4.0-cp310-cp310-win_amd64.whl (2.6 MB)
                                       ━━━━━━━ 2.6/2.6 MB 1.1 MB/s eta 0:00:00
Installing collected packages: Pillow
Successfully installed Pillow-10.4.0

[notice] A new release of pip available: 22.3.1 -> 25.0.1
[notice] To update, run: python.exe -m pip install --upgrade pip
PS C:\Users\huawei\PycharmProjects\pythonProject>
```

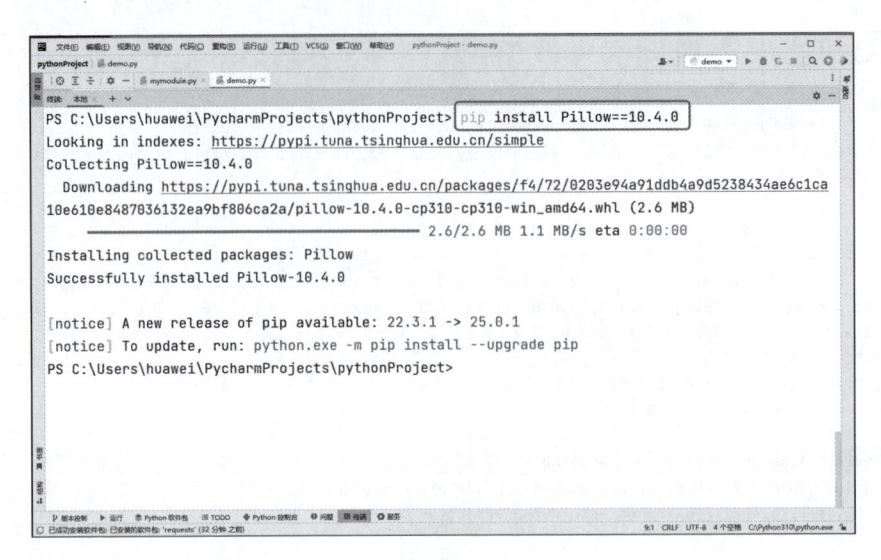

图 7-20

升级 Pillow 到最新版本，如图 7-21 所示。

```
pip install --upgrade Pillow
```

```
PS C:\Users\huawei\PycharmProjects\pythonProject> pip install --upgrade Pillow
Looking in indexes: https://pypi.tuna.tsinghua.edu.cn/simple
Requirement already satisfied: Pillow in c:\python310\lib\site-packages (10.4.0)
Collecting Pillow
  Downloading https://pypi.tuna.tsinghua.edu.cn/packages/14/81/d0dff759a74ba87715509af9f6cb21f
a21d93b02b3316ed43bda83664db9/pillow-11.1.0-cp310-cp310-win_amd64.whl (2.6 MB)
                                       ━━━━━━━ 2.6/2.6 MB 1.1 MB/s eta 0:00:00
Installing collected packages: Pillow
  Attempting uninstall: Pillow
    Found existing installation: pillow 10.4.0
    Uninstalling pillow-10.4.0:
      Successfully uninstalled pillow-10.4.0
Successfully installed Pillow-11.1.0

[notice] A new release of pip available: 22.3.1 -> 25.0.1
[notice] To update, run: python.exe -m pip install --upgrade pip
PS C:\Users\huawei\PycharmProjects\pythonProject>
```

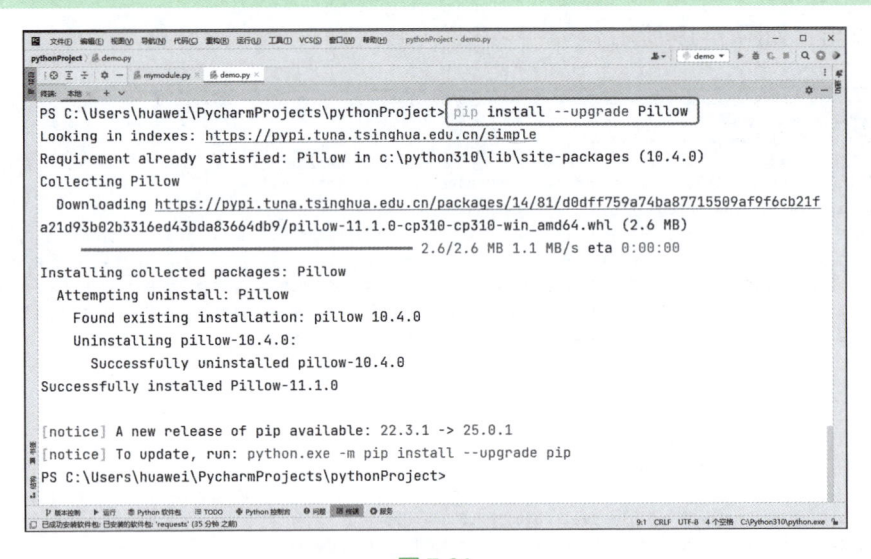

图 7-21

对于较大的项目，可能会有多个第三方模块依赖。为了管理这些第三方模块依赖，可以创建一个 requirements.txt 文件，列出所有需要安装的模块及其版本。然后，使用以下命令一次性安装所有依赖：

```
pip install -r requirements.txt
```

requirements.txt 文件的内容示例：

```
requests==2.25.1
paramiko==3.5.1
```

结果如图 7-22 所示。

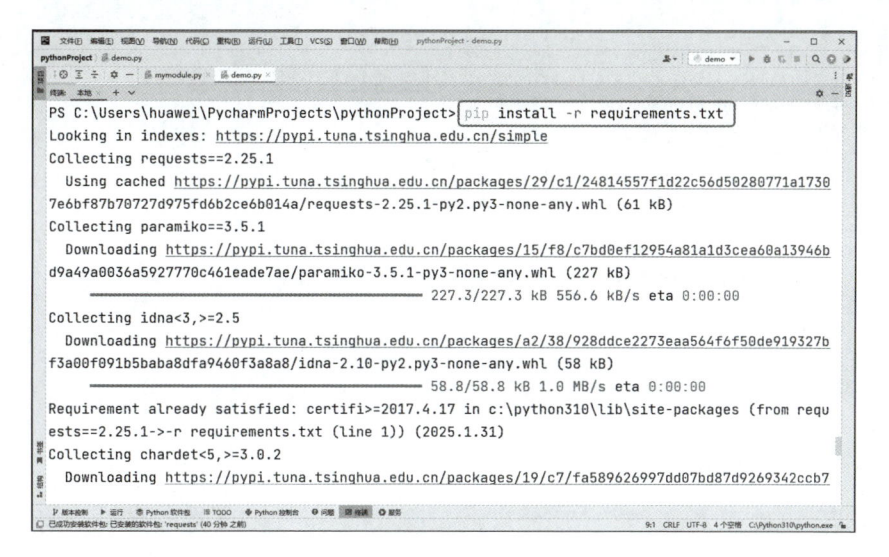

图 7-22

查看安装的模块：

```
pip freeze
```

结果如图 7-23 所示。

图 7-23

卸载模块：

```
pip uninstall Pillow
```

结果如图 7-24 所示。

图 7-24

7.2 常用模块

7.2.1 time 模块

time 模块提供了各种与时间相关的函数。这些函数可用于获取当前时间、格式化时间、进行时间运算等。

▶ time() 函数：返回当前时间的时间戳（从 1970 年 1 月 1 日 00:00:00 起至现在的秒数）。

```
import time

current_time = time.time()
print(f"当前时间戳：{current_time}")
```

▶ localtime() 函数：将时间戳转换为本地时间的 struct_time 对象。

```
local_time = time.localtime(time.time())
print(f"本地时间：{local_time}")
# 输出类似：time.struct_time(tm_year=2023, tm_mon=10, tm_mday=5, ...)
```

▶ gmtime() 函数：将时间戳转换为 UTC（Universal Time Coordinated，协调世界时）时间的 struct_time 对象。

```
utc_time = time.gmtime(time.time())
print(f"UTC 时间：{utc_time}")
# 输出类似：time.struct_time(tm_year=2023, tm_mon=10, tm_mday=5, ...)
```

▶ strftime() 函数：将 struct_time 对象格式化为字符串，需要提供一个格式字符串来指定输出格式。

```
formatted_time = time.strftime("%Y-%m-%d %H:%M:%S", time.localtime())
print(f"格式化后的本地时间：{formatted_time}")
# 输出类似：2023-10-05 14:30:00
```

▶ strptime() 函数：将字符串解析为 struct_time 对象，需要提供一个格式字符串来指定输入格式。

```
time_string = "2023-10-05 14:30:00"
parsed_time = time.strptime(time_string, "%Y-%m-%d %H:%M:%S")
print(f"解析后的时间：{parsed_time}")
# 输出类似：time.struct_time(tm_year=2023, tm_mon=10, tm_mday=5, ...)
```

▶ sleep() 函数：使程序暂停指定的秒数。这对于在脚本中添加延迟非常有用。

```
print("开始等待...")
time.sleep(2)   # 暂停 2 秒
print("等待结束")
```

▶ mktime() 函数：将 struct_time 对象转换为时间戳。

```
struct_time = time.localtime()
```

```
timestamp = time.mktime(struct_time)
print(f"struct_time 转换为时间戳：{timestamp}")
```

下面是一个综合示例，展示了如何使用上述方法获取、格式化、解析和等待时间：

```
import time

# 获取当前时间戳
current_timestamp = time.time()
print(f"当前时间戳：{current_timestamp}")

# 将时间戳转换为本地时间
local_time = time.localtime(current_timestamp)
print(f"本地时间：{local_time}")

# 格式化本地时间为字符串
formatted_local_time = time.strftime("%Y-%m-%d %H:%M:%S", local_time)
print(f"格式化后的本地时间：{formatted_local_time}")

# 解析时间字符串为 struct_time 对象
time_string = "2023-10-05 14:30:00"
parsed_time = time.strptime(time_string, "%Y-%m-%d %H:%M:%S")
print(f"解析后的时间：{parsed_time}")

# 将 struct_time 对象转换回时间戳
parsed_timestamp = time.mktime(parsed_time)
print(f"解析后的时间戳：{parsed_timestamp}")

# 使程序暂停 2 秒
print("开始等待...")
time.sleep(2)
print("等待结束")
```

运行效果如图 7-25 所示。

第 7 章 模块

图 7-25

7.2.2 datetime 模块

datetime 模块是 Python 标准库中用于处理日期和时间的一个重要模块。它提供了丰富的类和方法来创建、操作、格式化日期和时间对象。

▶ datetime.datetime.now()：获取当前的日期和时间。

```
from datetime import datetime

now = datetime.now()
print(now)
```

▶ datetime.datetime.utcnow()：获取当前的 UTC 日期和时间。

```
utc_now = datetime.utcnow()
print(utc_now)
```

▶ datetime.datetime.fromtimestamp()：将时间戳转换为 datetime 对象。

```
timestamp = 1696514400
dt_from_timestamp = datetime.fromtimestamp(timestamp)
print(dt_from_timestamp)
```

▶ datetime.datetime.strptime()：将字符串解析为 datetime 对象。

```
date_string = "2023-10-05 14:30:00"
dt_from_string = datetime.strptime(date_string, "%Y-%m-%d %H:%M:%S")
print(dt_from_string)
```

▶ datetime.datetime.strftime()：将 datetime 对象格式化为字符串。

```
formatted_date_string = now.strftime("%Y-%m-%d %H:%M:%S")
print(formatted_date_string)
```

▶ datetime.datetime.replace()：替换 datetime 对象中的某些属性（年、月、日、时、分、秒等）。

```
new_dt = now.replace(year=2024)
print(new_dt)
```

▶ datetime.timedelta 对象：表示两个日期或时间之间的差异，常用于日期的加减运算。

```
from datetime import timedelta

# 加一天
one_day_later = now + timedelta(days=1)
print(one_day_later)

# 减一小时
one_hour_earlier = now - timedelta(hours=1)
print(one_hour_earlier)
```

▶ datetime.date.today()：获取今天的日期。

```
from datetime import date

today = date.today()
print(today)
```

▶ datetime.datetime.combine()：将 date 对象和 time 对象组合成一个 datetime 对象。

```
d = date(2023, 10, 5)
t = time(14, 30, 0)
combined_dt = datetime.combine(d, t)
print(combined_dt)
```

▶ datetime.datetime.timetuple()：将 datetime 对象转换为 time.struct_time 对象，便于与 time 模块的函数互操作。

```
import time

struct_time = now.timetuple()
print(struct_time)
```

下面是一个综合示例介绍如何使用上述方法。

```
from datetime import datetime, date, time, timedelta

# 获取当前日期和时间
now = datetime.now()
print(f"当前日期和时间：{now}")


# 获取今天的日期
today = date.today()
print(f"今天的日期：{today}")


# 将字符串解析为日期时间对象
date_string = "2023-10-05 14:30:00"
parsed_dt = datetime.strptime(date_string, "%Y-%m-%d %H:%M:%S")
print(f"解析后的日期时间：{parsed_dt}")


# 格式化日期时间对象为字符串
formatted_string = now.strftime("%Y-%m-%d %H:%M:%S")
print(f"格式化后的字符串：{formatted_string}")


# 日期的加减运算
one_day_later = now + timedelta(days=1)
```

```
print(f"一天后的日期和时间: {one_day_later}")

# 组合日期和时间对象
d = date(2025, 10, 5)
t = time(14, 30, 0)
combined_dt = datetime.combine(d, t)
print(f"组合的日期时间: {combined_dt}")
```

运行效果如图 7-26 所示。

图 7-26

7.2.3 os 模块

os 模块提供了丰富的方法来处理文件和目录，以及执行操作系统相关的功能。

▶ os.getcwd()：获取当前工作目录。

```
import os
current_directory = os.getcwd()
print(f"当前工作目录是: {current_directory}")
```

这段代码将输出当前 Python 脚本的工作目录。

- os.chdir(path)：更改当前工作目录。

```
import os
os.chdir("/path/to/new/directory")
new_directory = os.getcwd()
print(f"新的工作目录是：{new_directory}")
```

这段代码将当前工作目录更改为指定的路径，并输出新的工作目录。

- os.mkdir(path)：创建单级目录。
- os.makedirs(path)：创建多级目录。

```
import os
os.mkdir("mydir")
os.makedirs("newdir/subdir")
```

- os.listdir(path)：列出目录内容。

```
import os
directory_path = "/path/to/some/directory"
for item in os.listdir(directory_path):
    full_path = os.path.join(directory_path, item)
    if os.path.isdir(full_path):
        print(f"目录：{full_path}")
    else:
        print(f"文件：{full_path}")
```

- os.rename(src, dst)：重命名文件或目录。

```
import os
old_name = "old_file.txt"
new_name = "new_file.txt"
os.rename(old_name, new_name)
```

- os.path.getsize(path)：获取文件大小。

```
import os
file_size = os.path.getsize("example.txt")
print(f"文件 example.txt 的大小是：{file_size} 字节")
```

- os.path.exists(path)：判断文件或目录是否存在。

```
import os
if os.path.exists("example.txt"):
    print(" 文件 example.txt 存在 ")
else:
    print(" 文件 example.txt 不存在 ")
```

▶ os.path.split(path) 函数：用于将一个路径分割成目录路径和文件名两部分。它会返回一个元组，其中第一个元素是目录路径，第二个元素是文件名。

```
import os

# 假设有一个 Linux 系统完整的文件路径
full_path = "/home/user/documents/example.txt"

# 使用 os.path.split 分割路径
directory, file_name = os.path.split(full_path)

print(f" 目录路径 : {directory}")
# 输出 : 目录路径 : /home/user/documents
print(f" 文件名 : {file_name}")
# 输出 : 文件名 : example.txt
```

▶ os.path.join() 函数：用于将多个路径组件合并成一个完整的路径。它会根据不同的操作系统自动使用正确的路径分隔符（在 Windows 上是 "\"，在 Unix/Linux/Mac 上是 "/"）。

```
import os

# 假设在 Windows 系统上
base_path = "C:"
folder_name = "Users"
file_name = "example.txt"

# 使用 os.path.join 合并路径
full_path = os.path.join(base_path, folder_name, file_name)
```

```
print(full_path)
# 输出：C:\Users\example.txt
```

▶ os.walk：它是 os 模块中的一个生成器函数，通过目录树生成文件名。对于目录树中的每个目录，它都会产生一个三元组 (dirpath, dirnames, filenames)。其中，dirpath 是一个字符串，表示当前正在遍历的这个目录的路径。dirnames 是一个列表，包含了 dirpath 下所有子目录的名字（不包括路径）。filenames 是一个列表，包含了 dirpath 下所有非目录文件的名字（不包括路径）。

```
import os

for root, dirs, files in os.walk('/path/to/directory'):
    print(f'当前目录：{root}')
    print(f'子目录：{dirs}')
    print(f'文件：{files}')
    print('-' * 40)
```

下面是一个综合示例，在本示例中创建了 C:\demo\test 和 C:\demo\prod 目录，再把 C:\Windows\notepad.exe 文件分别复制到这两个目录中。切换到 C:\demo 目录后，打印当前工作目录，然后递归列出当前目录下的所有内容。最后删除 C:\demo\test\ 目录和 C:\demo\prod\notepad.exe 文件。

```
import os
import shutil

# 定义源文件和目标目录
source_file = r'C:\Windows\notepad.exe'
demo_dir = r'C:\demo'
test_dir = os.path.join(demo_dir, 'test')
prod_dir = os.path.join(demo_dir, 'prod')

# 创建目录
os.makedirs(test_dir, exist_ok=True)
os.makedirs(prod_dir, exist_ok=True)

# 复制文件到目标目录
```

```python
    shutil.copy(source_file, os.path.join(test_dir, 'notepad.exe'))
    shutil.copy(source_file, os.path.join(prod_dir, 'notepad.exe'))

    # 切换目录到 C:\demo
    os.chdir(demo_dir)

    # 打印当前工作目录
    print(f"当前工作目录：{os.getcwd()}")

    # 递归列出当前目录下的所有内容
    def list_dir_contents(path):
        for root, dirs, files in os.walk(path):
            level = root.replace(path, '').count(os.sep)
            indent = ' ' * 4 * level
            print(f'{indent}{os.path.basename(root)}/')
            subindent = ' ' * 4 * (level + 1)
            for f in files:
                print(f'{subindent}{f}')

    list_dir_contents(demo_dir)

    # 删除 C:\demo\test\ 目录
    shutil.rmtree(test_dir)

    # 删除 C:\demo\prod\notepad.exe 文件
    os.remove(os.path.join(prod_dir, 'notepad.exe'))

    # 再次递归列出当前目录下的所有内容，以确认删除操作
    list_dir_contents(demo_dir)
```

运行结果如下图 7-27 所示。

图 7-27

7.2.4 tarfile 模块

tarfile 模块是 Python 标准库中用于处理 tar 归档文件的模块，支持创建、读取、解压 tar 文件，并可以结合压缩算法（如 gzip、bz2）处理压缩归档文件。

处理 tar 文件的流程和处理普通文件的一样，先打开，再进行读写，最后关闭。

打开 tar 文件也要注意打开模式，tarfile 模块支持的打开模式见表 7-1。

表 7-1　tarfile 模块支持的打开模式

打开模式	说明
r	只读（默认）
w	创建新 tar 文件（覆盖已有文件）
a	追加到已有 tar 文件
r:gz	处理 gzip 压缩的 tar 文件（.tar.gz）
r:bz2	处理 bzip2 压缩的 tar 文件（.tar.bz2）

将当前目录下的 access.log 和 access2.log 压缩为 log.tar.gz。add() 方法既可以将文件打包到 tar 文件中，也可以将目录打包，如图 7-28 所示。

```
import tarfile

tar = tarfile.open("log.tar.gz", "w:gz")
tar.add("access.log")
tar.add("access2.log")
tar.close()
```

```
PS C:\Users\huawei\PycharmProjects\pythonProject> python.exe .\demo.py
PS C:\Users\huawei\PycharmProjects\pythonProject> ls .\log.tar.gz

    目录: C:\Users\huawei\PycharmProjects\pythonProject

Mode                 LastWriteTime         Length Name
----                 -------------         ------ ----
-a----          2025/3/14     9:16            458 log.tar.gz
```

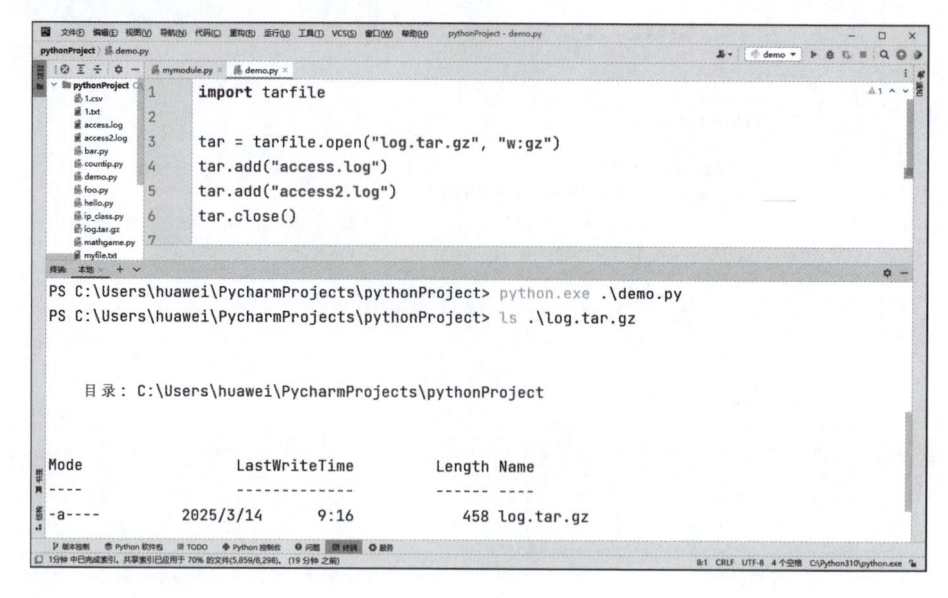

图 7-28

tarfile 文件处理也可以放到 with 语句中,当 with 语句结束时,tar 文件自动关闭,如图 7-29 所示。

```
import tarfile

with tarfile.open("log.tar.bz2", "w:bz2") as tar:
    tar.add("access.log")
    tar.add("access2.log")
```

```
PS C:\Users\huawei\PycharmProjects\pythonProject> python.exe .\demo.py
PS C:\Users\huawei\PycharmProjects\pythonProject> ls log*

    目录: C:\Users\huawei\PycharmProjects\pythonProject

Mode                 LastWriteTime         Length Name
----                 -------------         ------ ----
-a----          2025/3/14     9:21            519 log.tar.bz2
-a----          2025/3/14     9:16            458 log.tar.gz
```

图 7-29

extract() 方法用于解压单个文件。将 log.tar.gz 中的 access.log 解压到 C:\demo 中,代码如图 7-30 所示。

```
import tarfile

with tarfile.open("log.tar.gz") as tar:
    tar.extract("access.log", r"C:\demo")
```

```
PS C:\Users\huawei\PycharmProjects\pythonProject> python.exe .\demo.py
PS C:\Users\huawei\PycharmProjects\pythonProject> ls c:\demo

    目录: C:\demo

Mode                 LastWriteTime         Length Name
----                 -------------         ------ ----
d-----          2025/3/13     16:47               prod
-a----          2025/3/5      14:24            735 access.log
```

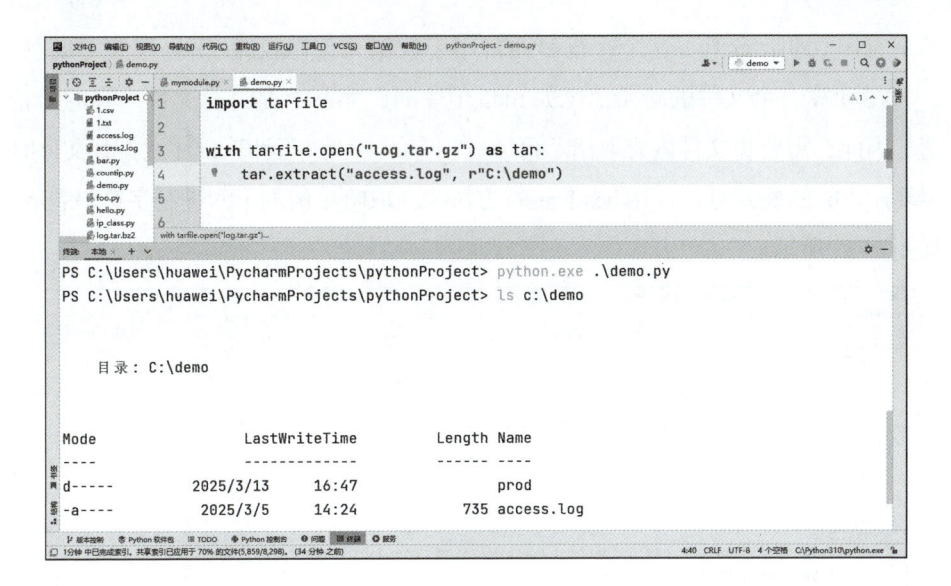

图 7-30

extractall() 方法用于解压全部文件。将 log.tar.bz2 解压到 C:\logs（如果目标目录不存在，则自动创建），如图 7-31 所示。

```
import tarfile

with tarfile.open("log.tar.bz2") as tar:
    tar.extractall(r"C:\logs")
```

```
PS C:\Users\huawei\PycharmProjects\pythonProject> python.exe .\demo.py
PS C:\Users\huawei\PycharmProjects\pythonProject> ls c:\logs

    目录: C:\logs

Mode                 LastWriteTime         Length Name
----                 -------------         ------ ----
-a----          2025/3/5      14:24            735 access.log
-a----          2025/3/5      15:33            730 access2.log
```

图 7-31

7.2.5 hashlib 模块

hashlib 模块用于提供常见的哈希算法，如 MD5、SHA1、SHA224、SHA256、SHA384 和 SHA512 等。哈希算法可以将任意长度的数据转换为一个固定长度的字符串（即哈希值），这个字符串通常用于数据完整性校验、密码存储等场景。

在计算一个文件的哈希值（如 md5 值）时，实际上是计算文件内容的哈希值。因此，需要将文件内容取出后再通过相应的方法进行计算，注意打开文件时需要用 "rb" 的模式打开。用 hexdigest() 方法来获取哈希值的十六进制字符串表示，如图 7-32 所示。

图 7-32

如果文件太大，一次读取全部数据并不是一个好的方法，可以采用 update() 方法分批次进行计算，如图 7-33 所示。

图 7-33

hashlib 模块支持多种哈希算法，如果需要计算文件的 sha256 值，只需在创建哈希对象时换一个方法：

```
m = hashlib.sha256()
```

下面是一个综合案例：编写 check_md5.py 文件，该文件从命令行上获取文件名，将计算的 md5 值输出在屏幕上，如图 7-34 所示。

图 7-34

运行效果如图 7-35 所示。

图 7-35

7.2.6　paramiko 模块

paramiko 是一个用于 SSHv2 连接的 Python 库，它提供了客户端和服务器功能，允许在 Python 脚本中执行远程命令、传输文件等。

paramiko 是第三方库，在使用前需要先安装：

```
pip install paramiko
```

▶ 连接到远程服务器

使用 paramiko 的 SSHClient 类可以连接到远程服务器。

```
import paramiko

# 创建一个 SSH 客户端对象
ssh = paramiko.SSHClient()

# 自动添加远程服务器的 SSH 密钥到本地 Known Hosts 文件
ssh.set_missing_host_key_policy(paramiko.AutoAddPolicy())

# 连接到远程服务器
ssh.connect(hostname='web1', username='root', password='123')
```

▶ 执行远程命令

连接成功后，可以使用 exec_command() 方法在远程服务器上执行远程命令。

```
# 执行远程命令
stdin, stdout, stderr = ssh.exec_command('ls -l')

# 读取命令输出
output = stdout.read().decode()
errors = stderr.read().decode()

print(output)
if errors:
    print(f"Errors: {errors}")
```

▶ 关闭连接

完成所有操作后，不要忘记关闭 SSH 连接。

```
# 关闭 SSH 连接
ssh.close()
```

▶ 使用密钥认证

```
# 使用私钥文件进行认证
private_key = paramiko.RSAKey.from_private_key_file('/path/to/private/key')

# 连接到远程服务器，使用密钥认证
ssh.connect(hostname='web1', username='root', pkey=private_key)
```

▶ 传输文件

paramiko 还提供了 SFTP（SSH 文件传输协议）支持，用于在本地和远程服务器之间传输文件。

```
# 打开一个 SFTP 会话
sftp = ssh.open_sftp()

# 上传文件
sftp.put('local_file.txt', 'remote_file.txt')

# 下载文件
sftp.get('remote_file.txt', 'local_copy.txt')

# 关闭 SFTP 会话
sftp.close()
```

▶ 综合案例：批量执行命令

（1）程序的文件名为 rcmd.py。

（2）程序运行方式如下：

```
python.exe 服务器文件名 命令文件名
```

（3）连接的远程服务器不止一台，将服务器地址写到服务器文件中，每行一个地址。

（4）执行的命令不止一条，将命令写到命令文件中，每行一条命令。

（5）默认的用户名为 root，密码需要用户自行输入。

```python
import paramiko
import argparse


def read_server_file(file_path):
    """读取服务器文件，返回服务器IP地址列表"""
    with open(file_path, 'r') as file:
        return [line.strip() for line in file if line.strip()]


def read_command_file(file_path):
    """读取命令文件，返回命令列表"""
    with open(file_path, 'r') as file:
        return [line.strip() for line in file if line.strip()]


def execute_commands(server_ip, commands, username='root'):
    """连接到服务器并执行命令"""
    password = input(f"请输入密码以连接到 {server_ip}: ")

    ssh = paramiko.SSHClient()
    ssh.set_missing_host_key_policy(paramiko.AutoAddPolicy())

    ssh.connect(server_ip, username=username, password=password)
    for command in commands:
        stdin, stdout, stderr = ssh.exec_command(command)
        output = stdout.read().decode()
        errors = stderr.read().decode()
        print(f"在 {server_ip} 上执行命令: {command}")
        print(output)
        if errors:
            print(f"错误: {errors}")
```

```
        ssh.close()


def main():
    parser = argparse.ArgumentParser(description="通过SSH在
远程服务器上执行命令")
    parser.add_argument("server_file", type=str, help="包含
服务器IP地址的文件")
    parser.add_argument("command_file", type=str, help="包
含要执行的命令的文件")
    args = parser.parse_args()

    server_ips = read_server_file(args.server_file)
    commands = read_command_file(args.command_file)

    for server_ip in server_ips:
        execute_commands(server_ip, commands)


if __name__ == "__main__":
    main()
```

运行结果如图7-36所示。

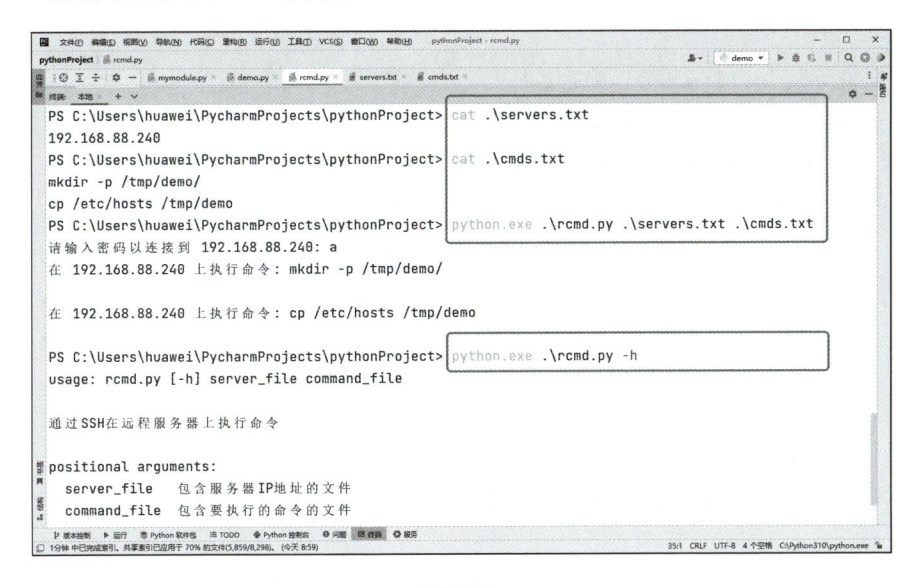

图 7-36

7.2.7 re 模块

re 模块提供了对正则表达式的支持。正则表达式是一种强大的文本处理工具，可以用于搜索、替换和解析字符串。re 模块使在 Python 中使用正则表达式变得简单而高效。

▶ **re.match() 函数**：尝试从字符串的起始位置匹配正则表达式。

```
match = re.match(r'\d+', '123abc')
if match:
    print(match.group())    # 输出：123
```

其中，r'\d+' 是一个正则表达式，用于匹配一个或多个数字。match.group() 是一个方法，用于从匹配对象（Match 对象）中提取匹配的文本。当使用 re.match()、re.search() 或 re.findall() 等函数进行正则表达式匹配时，如果匹配成功，它们会返回一个匹配对象。这个匹配对象包含了关于匹配的信息，如匹配的位置、匹配的文本等。

match.group() 方法就是用来获取这个匹配文本的。默认情况下，不带参数的 match.group() 方法返回整个匹配的文本。如果想要获取正则表达式中捕获组（用圆括号括起来的部分）匹配的文本，可以向 match.group() 方法传递一个参数，该参数是捕获组的索引（从 1 开始计数，因为 0 通常代表整个匹配）。

```
import re

# 示例 1：获取整个匹配的文本
pattern = re.compile(r'\d+')
match = pattern.match('123abc')
if match:
    print(match.group())     # 输出：123

# 示例 2：获取捕获组匹配的文本
pattern = re.compile(r'(\d+)-(\w+)')
match = pattern.match('123-abc')
if match:
    print(match.group(1))    # 输出：123，捕获组 1 匹配的文本
```

```
            print(match.group(2))      # 输出：abc，捕获组 2 匹配的文本
            print(match.group(0))      # 输出：123-abc，整个匹配的文本
                                       （相当于 match.group()）
```

▶ **re.search() 函数**：在字符串中搜索第一个匹配正则表达式的子串。

```
match = re.search(r'\d+', 'abc123def')
if match:
    print(match.group())     # 输出：123
```

▶ **re.findall() 函数**：返回字符串中所有匹配正则表达式的子串列表。

```
matches = re.findall(r'\d+', 'abc123def456ghi789')
print(matches)               # 输出：['123', '456', '789']
```

▶ **re.sub() 函数**：用于替换字符串中匹配正则表达式的部分。

```
new_string = re.sub(r'\d+', 'NUMBER', 'abc123def456ghi789')
print(new_string)            # 输出：abcNUMBERdefNUMBERghiNUMBER
```

▶ **re.split() 函数**：使用正则表达式作为分隔符来分割字符串。

```
parts = re.split(r'\d+', 'abc123def456ghi789')
print(parts)                 # 输出：['abc', 'def', 'ghi', '']
```

▶ **编译正则表达式**：可以使用 re.compile() 函数来编译一个正则表达式，得到一个正则表达式对象。编译后的对象可以多次使用，以提高效率。

```
pattern = re.compile(r'\d+')
```

▶ **匹配字符串**：编译后的对象有 match()、search() 等函数，作用与对应的函数相同。例如，match() 函数尝试从字符串的起始位置匹配正则表达式。

```
match = pattern.match('123abc')
if match:
    print(match.group())                    # 输出：123
```

▶ **标志**：re 模块的函数和 re.compile() 函数可以接收一个或多个标志（flags），用于修改正则表达式的行为。

```
match = re.search(r'abc', 'ABCdef', re.IGNORECASE)
if match:
    print(match.group())    # 输出：ABC
```

常用的标志见表 7-2。

表 7-2　常用的标志

标志	作用
re.IGNORECASE 或 re.I	忽略大小写
re.MULTILINE 或 re.M	多行模式，改变 ^ 和 $ 的行为
re.DOTALL 或 re.S	让 . 匹配包括换行符在内的任意字符

7.3　DeepSeek 代码规范化与风格检查

7.3.1　PEP8 规范

PEP8 的全称是 Python Enhancement Proposal 8，即 Python 增强建议。它是 Python 官方提供的一份文档，旨在提供一套 Python 代码的编写风格指南，被 Python 社区广泛接受并遵循。其目的是通过统一代码风格，提高代码的可读性和一致性，促进 Python 社区内的代码共享和协作。

PEP8 规范中有以下要求：

▶ **缩进**：建议使用 4 个空格进行缩进，避免使用制表符。

▶ **行长度**：建议每行代码不超过 79 个字符，以提高代码的可读性。

▶ **命名规范**：
- 变量和函数名应使用小写字母和下划线（snake_case）。
- 类名应使用驼峰命名法（CamelCase）。

▶ **注释**：应使用清晰的注释来解释代码的意图和功能，避免冗余和误导性的注释。

▶ **导入语句**：每个导入应位于独立的行上，按照标准库模块、第三方库模块和本地模块的顺序导入。

7.3.2　用 DeepSeek 自动规范化文档

Python 初学者常因只关注代码能否运行而忽略其规范化，易养成难以改正的不良习惯。因此，在学习过程中应养成良好的编码习惯。不必刻意背规范，可借助 DeepSeek 修改代码。

以下代码的文件名是以数字 1、2、3 等开头的，现在需要将文件名中的 1、2、3 等数字改为 01、02、03，依次类推。代码中模块导入、变量名、空行、空格等的使用方式，很多都不符合 PEP8 规范。下面用 DeepSeek 进行修改，在对话框中输入："请帮助我修改代码，使其符合 PEP8 规范，同时指出哪些书写方式不符合 PEP8 规范"。

原代码为：

```
import os,re
def rename_files(directory = '.'):
    for filename in os.listdir(directory):
        match=re.match(r'^(\d+)(.*)', filename)
        if match:
            numberpart=match.group(1)
            restpart=match.group(2)
            newnumber=numberpart.zfill(2)
            newname=f"{newnumber}{restpart}"
            oldpath=os.path.join(directory, filename)
            newpath=os.path.join(directory, newname)
            try:
                os.rename(oldpath, newpath)
                print(f"Renamed: {filename} -> {newname}")
            except Exception as e:
                print(f"Error renaming {filename}: {str(e)}")
if __name__ == "__main__":
    rename_files(r"C:\mytest")
```

DeepSeek 修改建议如图 7-37 所示。

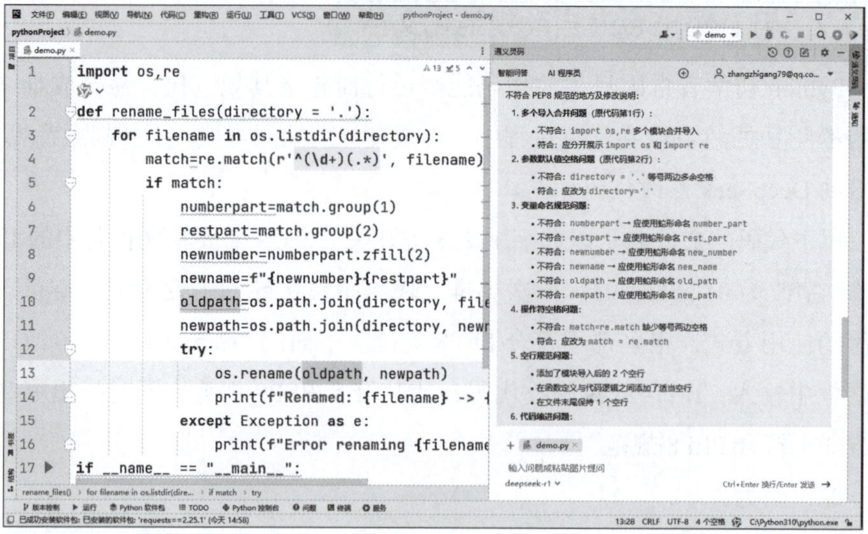

图 7-37

修改后的代码如下：

```python
import os
import re


def rename_files(directory='.'):
    for filename in os.listdir(directory):
        match = re.match(r'^(\d+)(.*)', filename)
        if match:
            number_part = match.group(1)
            rest_part = match.group(2)
            new_number = number_part.zfill(2)
            new_name = f"{new_number}{rest_part}"
            old_path = os.path.join(directory, filename)
            new_path = os.path.join(directory, new_name)
            try:
                os.rename(old_path, new_path)
                print(f"Renamed: {filename} -> {new_name}")
            except Exception as e:
                print(f"Error renaming {filename}: {str(e)}")
```

```
if __name__ == "__main__":
    rename_files(r"C:\mytest")
```

7.4 让 DeepSeek 写一个典型案例

本章主要介绍模块的概念，每个 Python 文件都可以称为一个模块文件，模块文件需要遵循编码规范。下面用 DeepSeek 再写一个典型案例进行说明。

提示词：Python 编写代码时，建议遵守 PEP8 规范。写一个典型的案例，涉及编码用到的结构，如模块导入、全局变量、函数等。

DeepSeek 回答：

```
# 模块导入，标准库模块按字母序排列
import math


# 全局变量，全大写字母，单词间用下划线分隔
PI_APPROX = 3.14


# 类定义，类名使用大驼峰命名法
class Circle:
    def __init__(self, radius):
        """
        初始化圆的实例。

        :param radius: 圆的半径
        """
        self.radius = radius

    def calculate_area(self):
        """
        计算圆的面积。

        :return: 圆的面积
```

```python
    """
    return math.pi * self.radius ** 2

# 函数定义，函数名用小写字母，单词间用下划线分隔
def print_circle_info(circle):
    """
    打印圆的半径和面积信息。

    :param circle: Circle 类的实例
    """
    area = circle.calculate_area()
    print(f"圆的半径是：{circle.radius},面积约是：{area:.2f}")

if __name__ == "__main__":
    # 创建类的实例
    my_circle = Circle(5)
    # 调用函数
    print_circle_info(my_circle)
```

代码说明：

模块导入：导入了标准库中的 math 模块，用于数学计算。

全局变量：定义了全局变量 PI_APPROX，代表圆周率的近似值。

类：定义了 Circle 类，包含初始化方法 __init__ 和计算面积的方法 calculate_area，类名采用大驼峰命名法。

函数：定义了 print_circle_info 函数，用于打印圆的信息，函数名使用小写字母和下划线组合。

主程序：使用 if__name__=="__main__": 结构，创建 Circle 类的实例并调用函数。

第 8 章　异常处理

8.1　异常处理的基本概念

8.1.1　什么是异常

异常（Exception）是指在程序执行过程中出现的非预期事件或错误，这些事件或错误会中断程序的正常流程。异常通常是一些不利于程序继续执行的情况，比如文件未找到、内存不足、无效的输入数据、网络中断等。

简单来说，如果程序没有处理异常的语句，当程序执行时，一旦发生异常，它就会崩溃，终止执行。如当程序需要数字，却得到了字母，就可能发会生异常，如图 8-1 所示。

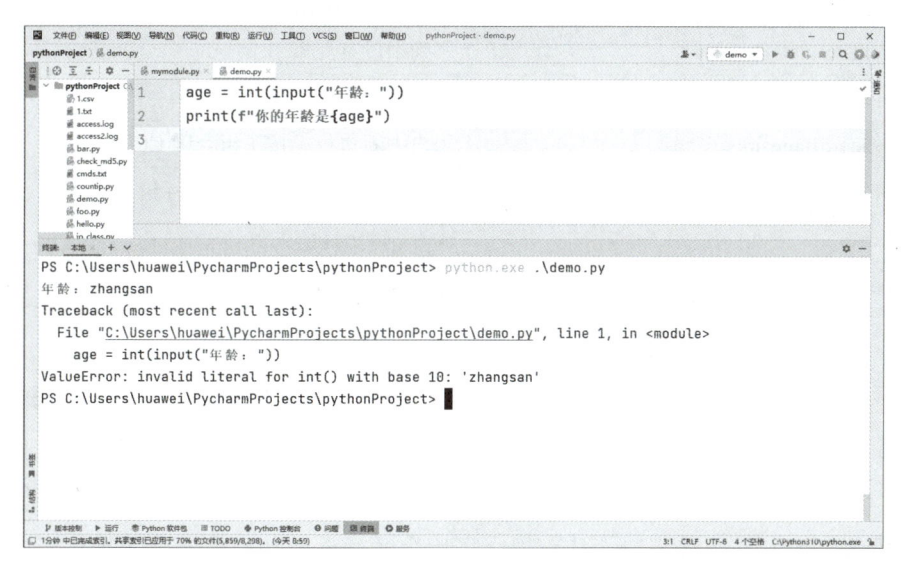

图 8-1

在图 8-1 中，程序要获取用户输入的年龄，并转换为整数。而用户输入的却是"zhangsan"，int 函数无法处理这个字符串，所以抛出了 ValueError 异常，表示值错误。我们并没有对可能出现的错误做任何的处理，一旦出现问题，程序也就崩溃了，无法继续执行下去。

异常可以分为以下几类。

▶ **语法异常**：这类异常在程序编译或解释阶段被捕获，通常是代码编写错误导致的，如拼写错误、缺少括号、使用了未定义的变量等。这类异常在 Python 中通常由解释器直接报告，不需要程序员显式捕获。

▶ **运行时异常**：这类异常发生在程序运行期间，是程序逻辑错误或外部条件不满足导致的。在程序运行时，异常需要程序员通过异常处理机制来捕获和处理。

▶ **逻辑异常**：这类异常并不直接由程序错误引起，而是程序逻辑的一部分，用于表示某种特殊情况或业务规则。如在银行账户余额不足时抛出 InsufficientFundsException 异常。

常见的异常见表 8-1。

表 8-1 常见的异常

异常类型	说明
NameError	未声明/初始化对象
IndexError	序列中没有此索引
SyntaxError	语法错误
KeyboardInterrupt	用户中断执行，按了组合键 Ctrl+C
EOFError	没有内键输入，达到 EOF 标记
IOError	输入/输出操作失败
IndentationError	缩进错误

异常在编程中扮演着重要的角色，其主要作用包括：

▶ **错误提示**：异常提供了关于错误发生原因和位置的详细信息，有助于程序员快速定位并修复问题。

▶ **程序健壮性**：通过捕获和处理异常，程序可以在遇到错误时采取适当的措施，而不是直接崩溃，从而提高了程序的健壮性和稳定性。

▶ **用户友好性**：对于最终用户来说，异常处理可以将技术性的错误信息转化为更易于理解的提示，提升用户体验。

▶ **资源管理**：异常处理还可以确保在发生错误时能够正确释放已分配的资源，如关闭文件、释放网络连接等，避免资源泄漏。

8.1.2 为什么需要处理异常

在编程的世界里，异常处理是不可或缺的一部分，它对于确保程序的稳定性、可读性和用户体验起着至关重要的作用。以下是几个核心原因，解释了为什么需要重视并妥善处理异常。

1. 保障程序的稳定运行

程序在运行过程中，难免会遇到各种不可预见的问题，如文件不存在、网络中断、用户输入错误等。如果不进行异常处理，这些问题很可能会导致程序崩溃，从而中断整个执行流程。通过异常处理机制，我们可以捕获这些潜在的问题，并采取适当的措施来应对，从而保障程序的稳定运行。

2. 提供清晰的问题反馈

当异常发生时，程序通常会抛出一个包含错误信息和堆栈跟踪的异常对象。这些信息对于开发者来说是非常宝贵的，因为它们可以帮助开发者快速定位问题的根源，并采取相应的修复措施。通过异常处理，可以将这些信息以更友好、更易于理解的方式呈现给用户或开发者，从而提高问题的可追踪性和可解决性。

3. 增强用户体验

对于大多数用户来说，程序崩溃或显示复杂的错误信息并不是一种愉快的体验。通过异常处理，我们可以将这些问题转化为用户可以理解的提示或建议，如"文件未找到，请检查路径"或"网络连接失败，请稍后再试"。这样做不仅可以避免用户的困惑和不满，还可以增强他们对程序的信任和满意度。

4. 优化代码结构和可读性

在大型或复杂的程序中，错误处理逻辑可能会分散在多个地方，导致代码结构混乱、难以维护。通过异常处理机制，可以将错误处理逻辑集中在一个地方（如 try-except 块中），从而优化代码结构，提高代码的可读性和可维护性。此外，这种做法还有助于实现错误处理的复用，避免重复编写相同的错误处理代码。

5. 实现健壮的业务逻辑

在很多业务场景中，异常处理是实现健壮业务逻辑的关键。例如，在一个在线支付系统中，如果支付请求失败（如余额不足、网络问题等），程序应该能够捕获这些异常并给出相应的处理策略（如提示用户充值、重试支付等）。通过异常处理，我们可以确保程序在各种异常情况下都能正确地执行业务逻辑，从而提供稳定可靠的服务。

综上所述，异常处理是编程中不可或缺的一部分。它不仅能够保障程序的稳定运行和提供清晰的问题反馈，还能增强用户体验、优化代码结构和实现健壮的业务逻辑。因此，在编写程序时，我们应该充分重视异常处理的重要性，并灵活运用各种异常处理机制来应对潜在的问题。

8.1.3 异常处理的核心原则

在进行异常处理时，遵循一些核心原则可以帮助我们编写出更加健壮、可维护和易于理解的代码。以下是几个关键的异常处理原则。

1. 最小化捕获范围

应尽量避免使用过于宽泛的异常捕获语句，如 except Exception 或 except。这样的捕获方式会捕获所有类型的异常，包括那些我们可能不希望捕获或无法处理的异常。相反，我们应该尽量精确地指定要捕获的异常类型，以便我们只处理关心的异常。

2. 尽早处理异常

一旦发现可能引发异常的代码，应尽早进行异常处理。这有助于防止异常在程序中进一步传播，从而导致更多的资源消耗或数据损坏。同时，尽早处理异常还可以提供更精确的错误位置和上下文信息，有助于问题的快速定位和解决。

3. 避免隐藏异常

在捕获异常后，应尽量避免简单地忽略异常或仅输出一条错误信息。这样做可能会隐藏程序中的潜在问题，导致后续的错误或数据不一致。相反，我们应该根据异常的类型和上下文，采取适当的措施来处理异常，如重试操作、回滚事务或提示用户等。

4. 保持异常的透明性

在异常处理过程中，应尽量保持异常的透明性，即不改变异常的原始信息。这有助于在异常传播过程中保留完整的堆栈跟踪和错误信息，有助于问题的追踪和解决。如果需要对异常进行包装或转换，应确保新的异常包含足够的原始异常信息。

5. 合理释放资源

在异常处理过程中，应确保在发生异常时能够正确释放已分配的资源，如文件句柄、网络连接等。这可以通过在 finally 块中添加相应的资源释放代码来实现。这样做可以防止资源泄漏，确保程序的稳定性和可靠性。

6. 记录异常信息

对于重要的异常或预期之外的异常，应记录详细的异常信息，包括异常类型、错误消息等。这有助于后续的问题分析和解决。记录异常信息时，应确保日志系统的安全性和隐私性，避免敏感信息的泄露。

7. 提供有用的错误消息

在捕获异常后，应提供有用的错误消息给用户或开发者。这些消息应简洁明了地描述问题的本质和可能的解决方案。避免使用过于技术性或模糊的错误消息，以免增加用户的困惑和不满。

遵循这些异常处理的核心原则，可以帮助我们编写出更加健壮、可维护和易于理解的代码。同时，这些原则也是提高程序质量和用户体验的重要手段。

8.2 Python 异常处理机制

8.2.1 检测和处理异常

完整的异常处理语法如下：

```
try:
    有可能发生异常的语句
except Exception as variable:
    处理异常的语句
else:
    不发生异常才执行的语句
```

> finally：
> 不管异常是否发生都要执行的语句

将有可能发生异常的语句（try_suite）放在 try 语句中执行，如果捕获到了预期的异常，则执行 except_suite 语句。将只有异常不发生才执行的语句放到 else 子句中，不管异常是否发生都要执行的语句放到 finally 子句中。

下面举一个简单的例子进行说明。以下代码先提示用户输入一个整数，如果用户直接按 Enter 键，或是输入了非数字字符，将抛出 ValueError 异常，如图 8-2 所示。

图 8-2

如果用户没有输入任何数据，而是按了组合键 Ctrl+C 将会抛出 KeyboardInterrupt 异常，如图 8-3 所示。

图 8-3

input() 函数需要获取用户的输入，但是如果用户没有输入，而是按下了组合键 Ctrl+D，则会抛出 EOFError 异常，如图 8-4 所示。

```
C:\Python310\python.exe C:\Users\huawei\PycharmProjects\pythonProject\demo.py
Number: ^D
Traceback (most recent call last):
  File "C:\Users\huawei\PycharmProjects\pythonProject\demo.py", line 1, in <module>
    num = int(input("Number: "))
EOFError: EOF when reading a line

进程已结束,退出代码1
```

图 8-4

如果用户输入的是 0（在除法中，0 不能作除数），还会抛出 ZeroDivisionError 异常，如图 8-5 所示。

```
C:\Python310\python.exe C:\Users\huawei\PycharmProjects\pythonProject\demo.py
Number: 0
Traceback (most recent call last):
  File "C:\Users\huawei\PycharmProjects\pythonProject\demo.py", line 2, in <module>
    result = 100 / num
ZeroDivisionError: division by zero

进程已结束,退出代码1
```

图 8-5

针对这些异常，可以分别用 except 捕获，修改的代码如图 8-6 所示。

图 8-6

改动之后，用户输入 0 或其他非整数字符，程序不再抛出异常，而是输出"无效输入"，如图 8-7 所示。

图 8-7

如果没有直接输入，而是按下组合键 **Ctrl+C** 或 **Ctrl+D** 都会在新的一行输出 Bye-bye，如图 8-8 所示。

```
 5        print('Done')
 6    except ValueError:
 7        print('无效输入')
 8    except ZeroDivisionError:
 9        print('无效输入')
10    except KeyboardInterrupt:
11        print('\nBye-bye')    # \n表示先打印回车
12    except EOFError:
13        print('\nBye-bye')
```

```
PS C:\Users\huawei\PycharmProjects\pythonProject> python.exe .\demo.py
Number: 此处按下Ctrl+C
Bye-bye
PS C:\Users\huawei\PycharmProjects\pythonProject> python.exe .\demo.py
Number: ^D  此处按下Ctrl+D回车
无效输入
PS C:\Users\huawei\PycharmProjects\pythonProject>
```

图 8-8

你可能注意到了，前两种异常我们采用了相同的处理方式，后两种异常也采用了相同的处理方式。那么，能不能对它们进行一个合并呢？当然是可以的。代码如图 8-9 所示。

```
 1  try:
 2      num = int(input("Number: "))
 3      result = 100 / num
 4      print(result)
 5      print('Done')
 6  except (ValueError, ZeroDivisionError):
 7      print('无效输入')
 8  except (KeyboardInterrupt, EOFError):
 9      print('\nBye-bye')
10
```

```
PS C:\Users\huawei\PycharmProjects\pythonProject> python.exe .\demo.py
Number: 0
无效输入
PS C:\Users\huawei\PycharmProjects\pythonProject>
```

图 8-9

需要注意的是，当通过一个 except 捕获多个异常时，需要把各个异常放到元组中。

8.2.2 异常参数

现在异常已经捕获，如果希望把原因也显示出来，可以把异常的原因保存到一个变量中，然后进行输出，如图 8-10 所示。

图 8-10

8.2.3 异常的 else 子句

8.2.2 小节的示例中的异常来自前两个语句，后面的两个 print 语句并没有出现任何错误。然而，当程序抛出异常时，代码就转到了相应的 except 语句，这两个没有异常的 print 语句也就不再执行了。所以，应当只把有可能发生异常的语句放入 try 块中，而不会发生异常的语句就不要放进去了，如图 8-11 所示。

图 8-11

以上写法，又会带来新的问题，而在没有异常发生时，一切正常。可是，当用户输入 abc，发生 ValueError 异常时，虽然已经捕获，但是又出现了新的 NameError 异常，如图 8-12 所示。

图 8-12

这个新的异常是怎么产生的呢？要解决问题，一定要认真读代码。用户输入 abc 后，int('abc') 引发了 ValueError 异常，代码立即跳转到了相应的 except 语句，也就是说跳过了 result = 100 / num 这条语句，没有执行该语句。既然没有为 result 赋值，那么 print(result) 语句中出现的名称错误也就清楚了。

print(result) 语句放到 try 块中不合适，放到外面又会出现 NameError 异常，那么怎么办呢？这就用到了 else 子句，else 子句只有异常不发生时才执行，如图 8-13 所示。

图 8-13

8.2.4　finally 子句

在 Python 的异常处理结构中，finally 子句用于指定无论是否发生异常都会执行的代码块。它通常用于执行必要的清理操作，如关闭文件、释放资源、保存状态或发送通知等。finally 子句在 try 块之后执行，无论 try 块中的代码是否成功执行，也无论是否引发了异常并被 except 子句捕获。

```python
file = None
try:
    file = open('example.txt', 'r')
    data = file.read()
except FileNotFoundError:
    print(" 文件未找到 ")
finally:
    if file:
        file.close()
```

在除法示例中，把 print('Done') 语句放到 finally 子句中，不管异常是否发生，都会执行，如图 8-14 所示。

```python
try:
    num = int(input("Number: "))
    result = 100 / num
except (ValueError, ZeroDivisionError) as e:
    print('无效输入:', e)
except (KeyboardInterrupt, EOFError):
    print('\nBye-bye')
else:
    print(result)
finally:
    print('Done')
```

图 8-14

当然，我们在编写程序时，并不需要把所有的语法都写完整。常用的组合是 try-except 和 try-finally。

8.3 主动触发抛出异常

8.3.1 raise 语句主动触发异常

要想引发异常，最简单的形式就是输入关键字 raise，后面输入要引发的异常的名称，还可指定异常发生的原因。

例如，为人指定年龄时，要求年龄的范围是 1~130，不在此范围的数值，则引发 ValueError 异常，如图 8-15 所示。

图 8-15

8.3.2 断言异常

通过 assert 关键字可以实现断言异常。assert 断言，是必须等价于布尔值为真的判定。如果 assert 后面语句的结果为假，那么将引发 AssertionError 异常，如图 8-16 所示。

图 8-16

8.4 DeepSeek 解析 Traceback 信息

8.4.1 什么是 Traceback

Traceback 是 Python 中异常处理时生成的一个记录，它告诉开发者程序在哪里及为什么出错，帮助快速定位和解决问题。它记录了异常发生时的调用栈信息。调用栈是程序执行过程中函数调用关系的记录，它展示了程序是如何一步步执行到当前位置的。当异常发生时，Traceback 对象会被创建，它包含了导致异常发生的调用序列，从引发异常的地方一直回溯到程序的入口点。

Traceback 有以下作用：

▶ **调试和诊断**：Traceback 提供了异常发生时的详细上下文信息，包括哪个文件、哪一行代码和哪个函数调用导致了异常。这对于开发者来说是非常宝贵的，因为它可以帮助开发者快速定位问题的根源，从而进行有效的调试和诊断。

▶ **错误报告**：在生产环境中，当程序遇到异常并崩溃时，Traceback 信息通常会被记录下来，并作为错误报告的一部分发送给开发者。通过分析这些 Traceback 信息，开发者可以了解异常发生的具体场景，从而采取适当的修复措施。

8.4.2 使用 DeepSeek 解析 Traceback 信息

初学编程时看到报错信息我们往往会一头雾水，然而，这些报错信息实际上为我们提供了十分有用的提示。

以下代码用于在列表中返回指定下标的元素，运行时出现报错，可以把报错信息直接复制出来，交给 DeepSeek 帮助解析。

图 8-17

DeepSeek 既对 Traceback 信息做出了详细解释，还给出了修改方案，如图 8-18 所示。

图 8-18

Traceback 提示： 主程序第 8 行代码触发了错误，这个错误是调用 get_element() 函数时出现的，实际发生错误的位置是第 2 行。最后的 IndexError 说明了错误产生的原因是下标值超出了范围，列表一共有 5 个值，下标从 0 开始，最后一项的下标应为 4。

8.5 DeepSeek 对异常处理知识点的总结

异常处理在编程中非常重要，它保证了代码的健壮性。通过 DeepSeek 我们来回顾一下具体的结构。

提示词： 通过一个简单的示例，演示异常处理在编码中的实际应用，尽量包含异常处理的完整语法。

DeepSeek 回答：

```python
import requests


def access_url():
    try:
        url = 'http://example.com'
        response = requests.get(url)
        response.raise_for_status()
    except requests.exceptions.MissingSchema:
        print(" 错误：URL 格式有误，缺少必要的协议。")
    except requests.exceptions.ConnectionError:
        print(" 错误：无法连接到指定的 URL。")
    except requests.exceptions.HTTPError as http_err:
        print(f"HTTP 错误发生： {http_err}")
    except Exception as e:
        print(f" 发生未知错误： {e}")
    else:
        print(" 成功获取页面内容，前 200 字符内容如下：")
        print(response.text[:200])
    finally:
```

```
            print("操作结束。")


if __name__ == "__main__":
    access_url()
```

代码解释

`try` 块：尝试访问 http://example.com 这个 URL，使用 requests.get 方法发送请求，并用 raise_for_status 检查响应状态。

`except` 块：

`requests.exceptions.MissingSchema`：捕获 URL 格式错误，若 URL 缺少协议（如 http 或 https）会触发。

`requests.exceptions.ConnectionError`：捕获连接错误，当无法连接到指定 URL 时触发。

`requests.exceptions.HTTPError`：捕获 HTTP 错误，当服务器返回错误状态码时触发。

`Exception as e`：捕获其他未知异常，将异常信息存储在 e 中。

`else` 块：若 try 块未抛出异常，会执行此块，输出获取到的页面前 200 字符内容。

`finally` 块：无论 try 块是否抛出异常，都会执行，输出操作结束的提示。

第 9 章 面向对象编程

9.1 面向对象编程基础

9.1.1 为什么要用面向对象编程

OOP（Object-Oriented Programming，面向对象编程）是一种编程范式，它基于"对象"来组织代码和数据。OOP 的核心思想是将数据（属性）和操作数据的方法（函数）封装在对象中，通过对象之间的交互来实现复杂的程序逻辑。

试想一下，你正在编写一个游戏程序。游戏中的人物有多种角色，如法师、战士、刺客等。那么你如何表现这样的一个游戏人物呢？

按我们之前所学的知识，先分析游戏人物需要哪些属性。比如玩家创建的游戏人物要有名字，还要有性别、职业等，手里需要拿件兵器等，这些都是数据，是人物具有的属性。游戏人物除了具有这些基本属性以外，还应该拥有一些行为能力，比如可以走或跑，使人物产生位移。一般来说，人物还要具有攻击的行为，能够"打怪升级"或与其他玩家对战。

人物的属性可以放到字典里，人物的行为就需要编写函数了，如图 9-1 所示。

```
lvbu = {
    "name": "吕布",
    "career": "战士",
    "weapon": "方天画戟"
}

def attck():
    pass

def walk():
    pass
```

图 9-1

按图 9-1 的方式虽然可以实现,但是数据与函数不相关。游戏人物可以走,可以攻击,但是函数无法体现行为的主体。人物属性的字典也可能变得过于复杂,比如武器不能只是一个字符串,武器是各种各样的(如战士有刀、枪、剑、戟,法师还有各种法杖等),它也有相关的属性(如武器的重量、武器的攻击力等)。

这样的问题,使用 OOP 后,难题将会迎刃而解。

9.1.2 类和实例对象

面向对象编程首先要思考的是,我们创建的游戏人物有哪些共同的特点,把这些特点找出来创建一个类(class)。我们一提到鸟,就会想到鸟的样子:有羽毛、两只脚、能飞;一提到鱼,就想到它们有鳞片,能在水中呼吸,会游泳。那么我们要创建的游戏人物有什么特点呢?游戏人物有非常多的共同特点,我们姑且只用 9.1.1 小节中提到的,游戏人物有名字,有武器,能走,能攻击。下面创建这个类,如图 9-2 所示。

```
class GameCharacter:
    def __init__(self, name, weapon):
        self.name = name
        self.weapon = weapon

    def walk(self):
        print('Walking...')

    def speak(self):
        print('%s在此' % self.name)

    def attack(self, target):
        print('Attack %s' % target)
```

图 9-2

class 是关键字，紧跟在它后面的是类名，类名建议使用驼峰的形式，也就是多个单词，每个单词首字母大写组合在一起的形式。

类中有三个函数，不过在类中的函数有另一个专有名词——方法。它和之前学习的函数没有区别，只不过是换了个名字。每个方法都至少有一个参数，当通过实例调用方法时，实例自动作为第一个参数传递。由于表示实例本身，因此 python 使用 self 作为参数名，而 java 使用 this 作为参数名。但这只是一个惯例而已，并不是必须的，读者可以随意命名。

__init__() 方法是类中众多特殊方法中的一个，这种以双下划线开头和结尾的方法也被称为魔法（magic）方法。__init__() 方法在实例化时自动调用。

有了游戏人物类，当玩家需要创建一个游戏人物时，就可以通过游戏人物类创建出一个具体的实例对象。这个实例对象自动具有了类中所定义的属性和方法。

```
lvbu = GameCharacter('吕布', '方天画戟')
```

创建实例就像调用函数一样，在类的后面加上一对圆括号，把参数放到圆括号中。实例化自动调用 __init__() 方法，也就是说参数是传递给 __init__() 方法的。但是 __init__() 方法有三个参数，为什么只传递了两个呢？这是因为实例作为第一个参数传递给了 self！吕布和方天画戟分别传递给了 name 和 weapon。

刚接触 OOP 编程时，经常弄不明白 self.name=name，self.weapon=weapon 是什么意思。这里一定要注意，定义方法时，name 和 weapon 是形式参数，只是占个位置；调用方法时，name 和 weapon，当然还包括 self，都进行了赋值（self=lvbu），本质上是这样的：

```
lvbu.name = '吕布'
lvbu.weapon = '方天画戟'
```

因此，__init__()方法一般用来初始化实例的属性，将属性值绑定到实例中。很多玩家创建游戏人物时，都想起名为"吕布"，但是只有把这个名字绑定到一个具体的实例上时，才算是确定到底哪个人物叫"吕布"，之前"吕布"只是个名字，不属于任何实例对象。一旦将属性绑定到实例中，这个属性就可以在类中的任意位置使用；没有绑定在实例上的属性，仍然只是方法的局部变量，只能在该方法内使用。

实例创建完毕后，它也就具备了类中为它定义的方法，如图 9-3 所示。

图 9-3

这些方法是不是看着很眼熟？我们在学习其他对象时，也是用"对象.方法"进行调用的，比如列表。

```
>>> alist = [1, 2, 3]
>>> type(alist)
<class 'list'>
>>> alist.append(4)
```

列表 alist 实际上是 list 类的一个实例，append 是在 list 类中定义的一个方法。

当我们调用 lvbu.speak() 时，实例 lvbu 自动作为第一个参数传递给了 self，这个方法中的 self.name 也就变成了 lvbu.name。

创建好了游戏人物的类，为每个玩家创建游戏人物就非常简单了，只要像调用函数一样，执行实例化。通过类创建出来的每个实例都有类中的属性和方法，如图 9-4 所示。

图 9-4

9.2 面向对象编程常用编程方式

9.2.1 组合

组合是面向对象编程中的一种重要概念和技术，它允许对象包含其他对象作为其属性，并通过这些内部对象的公共接口进行交互。

第 9 章　面向对象编程

组合表示"拥有"关系，即一个对象（称为容器对象）包含另一个对象（称为被包含对象）。被包含对象作为容器对象的一个属性存在。组合允许在运行时动态地添加、删除或替换被包含对象，从而提供了更大的灵活性。

两个类明显不同，其中的一个类是另一个类的组件时，组合这种方式是非常适合的。在游戏人物这个类中，武器不能只提供一个名字，它也拥有很多属性，比如它的攻击力是多少，属于物理攻击还是魔法攻击。而且武器种类繁多，既有战士用的刀、枪、剑、戟，也有法师用的各种法杖。

武器的属性不是人物的属性，保存到人物类中既臃肿，又不合适。专门为武器创建一个类是更好的解决方案。

```
class Weapon:
    def __init__(self, wname, type, strength):
        self.name = wname
        self.type = type
        self.strength = strength
```

人物使用什么样的武器，可以先创建其使用的武器，再绑定到人物实例上，如图 9-5 所示。

图 9-5

由于 blade 是 Weapon 的实例，它也有相应的属性，并绑定在了人物对象上，可以通过"人物.武器.属性"的方式获得。

通过组合，完美地实现了人物和武器的分离。编写人物代码时，只要考

235

虑人物有哪些特性即可，使用什么样的武器，只要实例化一个武器对象即可。武器类就像是一个武器工厂或武器仓库，它能生产各式各样的兵刃供人物选择。

9.2.2 继承

继承允许一个类（称为子类或派生类）继承另一个类（称为父类或基类）的属性和方法。通过继承，子类可以复用父类的代码，同时还可以添加或重写父类的方法，以实现多态和代码重用。

两个类明显不同，一个类是另一个类的组件，用组合的方式工作得很好。但是如果两个类有非常多的相似之处，只有一部分不同时，使用继承能够取得更好的效果。

游戏中的人物有各种职业，如战士、法师、刺客等。他们有很多相同的地方，如他们的基本属性（名字、性别、头发颜色、武器、盔甲等），以及一些方法（都能走，有攻击行为）。

各种职业的游戏人物，他们有很多的属性、行为都是一致的，但是每种职业还有自己特有的行为。比如战士施放的技能都是一样的，但是与法师的技能完全不一样。我们不能把所有职业的技能都写到一个类中，这样就需要单独创建战士类、法师类、刺客类等。然而，这些类又有大量相同的代码，难道要把这些相同的代码复制粘贴到每一个类中吗？继承允许我们利用父类（也称作基类）创建子类，而子类自动继承了父类的属性和方法，如图9-6所示。

图 9-6

定义法师 Mage 类时，类名后面的括号中不是参数，而是 Mage 类的父类。在创建实例 lijing 时，仍然需要调用 __init__ 方法，但是子类中没有该方法，程序则自动到父类中去查找 __init__ 方法。

即使在子类中没有定义，实例 nezha 也能拥有 speak() 方法，这是从父类继承过来的。子类中又创建了 fly() 方法，nezha 也能拥有子类方法。但是，父类的实例不能拥有子类的方法。

9.2.3 多重继承

多重继承允许一个类（称为子类或派生类）同时继承多个父类（或基类）。通过多重继承，子类可以复用多个父类的代码，从而增加代码的复用性和灵活性，如图 9-7 所示。

图 9-7

由于 C 是 A 和 B 的子类，所以它拥有自己和父类的所有方法，运行结果如图 9-8 所示。

图 9-8

然而，多重继承也带来了一些复杂性和挑战性，如继承问题和命名冲突等。如果各个类中有同名方法，那么实例在调用方法时，查找的顺序是自下向上，自左向右，在哪个类中先查找到，就使用哪个类的方法，如图 9-9 所示。

图 9-9

c 是 C 类的实例，执行 fn() 方法时，首先在 C 类中查找，一旦找到立即执行，不再继续查找，如图 9-10 所示。

图 9-10

C 的基类，A 在左，B 在右，因此优先执行 A 类中的方法。如果 B 在左，A 在右，则优先执行 B 类中的方法。

9.3 魔法方法

魔法方法是一类特殊的方法，它们以双下划线（__）开头和结尾。这些方法为类的实例提供了一些内置的行为或功能，使得类的行为能够像 Python 内置类型（如列表、字典、整数等）一样自然。魔法方法允许开发者定义对象的特殊行为，比如对象的创建和销毁、属性的访问、数值运算、字符串表示等。

常见的需要掌握的魔法方法有：

▶ __init__( )：实例化时自动调用，如图 9-11 所示。

[图 9-11 截图]

图 9-11

▶ __str__( )：输出实例时调用，如图 9-12 所示。

[图 9-12 截图]

图 9-12

▶ __call__( )：让实例可以像函数一样调用，如图 9-13 所示。

图 9-13

9.4 DeepSeek 生成 OOP 代码

9.4.1 DeepSeek 介绍如何从函数转向类

习惯了函数式编程，再转向 OOP 方式会有很多不适应。DeepSeek 为我们总结了一些常见问题。

1. 对"对象"的陌生感

问题：习惯于通过函数操作数据，难以理解为何要将数据和方法"绑定"到对象中。

表现：写出的类只是函数的集合，未体现对象的状态和行为关联。

2. 状态管理的困惑

问题：函数式编程通常避免可变状态，而 OOP 中对象常通过修改内部状态实现功能。

表现：在类中大量使用全局变量或静态属性，导致状态混乱。

3. 过度设计或设计不足

问题：要么将所有逻辑塞进一个"超级大类"，要么过度拆分成无意义的小类。

表现：一个类管理用户、订单、日志，或拆出 StringFormatter 类只做大小写转换。

4. 继承与组合的误用

问题：滥用继承导致类层级复杂，或完全回避继承只用函数式组合。

表现：为 Dog 和 Cat 创建 AnimalWithFourLegs 父类，而非通过接口定义行为。

那么如何适应这种转变，怎么实现从"过程"到"对象交互"，DeepSeek 给出了以下建议。

1. 从"数据 + 函数"到"对象"

函数式思维：数据是独立的，函数处理数据。

```python
def process_user(user_data):
    validate(user_data)
    save_to_db(user_data)
```

OOP 思维：数据和方法封装在对象中，对象自主管理行为。

```python
class User:
    def __init__(self, name):
        self.name = name
        self._validate()

    def _validate(self):
        if len(self.name) < 3:
            raise ValueError("用户名太短")

    def save(self):
        db.save(self.name)
```

2. 从"无状态函数"到"有状态对象"

函数式思维：通过参数传递所有数据，函数无副作用。

```python
def add_item(cart, item):
    return [*cart, item]
```

OOP 思维：对象维护内部状态，方法修改状态。

```python
class ShoppingCart:
    def __init__(self):
        self.items = []

    def add_item(self, item):
        self.items.append(item)
```

3. 从"流程控制"到"职责分配"

函数式思维：通过函数链式调用控制流程。

```python
result = parse_input(validate_input(raw_input))
```

OOP 思维：对象之间通过消息传递协作。

```python
validator = InputValidator(raw_input)
if validator.is_valid():
    parser = InputParser(validator)
    result = parser.parse()
```

9.4.2 函数转 OOP 示例

让我们看一个熟悉的例子，将第 7 章 hashlib 模块中计算 md5 值的代码粘贴给 DeepSeek，让它改为 OOP 模式，同时还需要增加计算 sha256、sha512 值的方法。

```python
import hashlib


class FileHashCalculator:
    def __init__(self, filename):
        self.filename = filename

    def _generate_hash(self, hash_type):
        """生成哈希值的通用方法"""
        hasher = hash_type()
        with open(self.filename, "rb") as f:
```

```python
            while chunk := f.read(4096):
                hasher.update(chunk)
        return hasher.hexdigest()

    def md5(self):
        """计算文件的 MD5 哈希值"""
        return self._generate_hash(hashlib.md5)

    def sha256(self):
        """计算文件的 SHA256 哈希值"""
        return self._generate_hash(hashlib.sha256)

    def sha512(self):
        """计算文件的 SHA512 哈希值"""
        return self._generate_hash(hashlib.sha512)


# 使用示例
if __name__ == "__main__":
    hasher = FileHashCalculator("access.log")
    print(f"MD5:    {hasher.md5()}")
    print(f"SHA256: {hasher.sha256()}")
    print(f"SHA512: {hasher.sha512()}")
```

对于一个文件，我们要计算它的多种哈希值，可以设计一个类。由于文件本身不会改变，因此把文件名作为类的属性是合理的。无论计算的是 md5 值，还是 sha256 或 sha512 值，代码是相同的，只是哈希算法不同。因此，可以创建一个名为 _generate_hash 的私有方法（以下划线开头表示该方法是一个私有方法，不能在类外部直接访问）。然后，分别为计算 md5、sha256 和 sha512 值定义对应的方法，每个方法将 hashlib 模块中相应的哈希函数传递给 _generate_hash() 方法来完成计算。

9.4.3　不要过度依赖 AI

AI 辅助编程应定位为"效率倍增器"，而非"问题解决黑箱"。长期依赖

第 9 章 面向对象编程

AI 自动生成代码，可能导致开发者对语法细节、底层原理的生疏。AI 生成的代码还可能存在逻辑错误、安全漏洞或性能问题。

编写本书时，讲解 AI 生成的代码，作者就遇到了一个错误，虽不是大错误，但是足以说明我们仍然要对 AI 生成代码保持警觉，不要认为 AI 生成的一定就是对的。

在编写计算器类时，作者要求 DeepSeek 生成具有加、减、乘、除功能的计算器类，DeepSeek 生成的代码如下：

```python
class Calculator:
    def add(self, a, b):
        return a + b

    def subtract(self, a, b):
        return a - b

    def multiply(self, a, b):
        return a * b

    def divide(self, a, b):
        if b == 0:
            raise ValueError("除数不能为零")
        return a / b

    def power(self, a, b):
        return a ^ b
```

创建实例 c1，调用它的乘方方法时，却得出了不正确的答案：

```python
c1 = Caculator()
print(c1.power(2, 3))       # 结果为1
```

在数学中，经常用 2^3 表示 2 的 3 次方，也就是 3 个 2 相乘，结果应为 8。为什么代码给出的答案会是 1 呢？继续询问 DeepSeek："在 Python 中，2^3 表示什么含义，它的计算结果为什么是 1？"。此时，DeepSeek 的回答如下：

在 Python 中，^ 符号并非用于进行乘方运算，而是按位异或运算符。按位异或

245

的操作规则是：针对两个二进制数，在相同位置上的数字，若数字相同则结果为0，若不同则结果为1。

下面详细解释2 ^ 3的计算过程：

首先，把数字2和3转换为二进制形式。2的二进制表示是0010，3的二进制表示是0011。

接着，对这两个二进制数的每一位进行按位异或操作：

第1位（从右向左数）：2的二进制数是0，3的二进制数是1，0和1不同，所以结果为1。

第2位：2的二进制数是1，3的二进制数是1，1和1相同，所以结果为0。

第3位：2的二进制数是0，3的二进制数是0，0和0相同，所以结果为0。

第4位：2的二进制数是0，3的二进制数是0，0和0相同，所以结果为0。

最终，按位异或的结果是0001，将其转换为十进制数就是1。

如果你想进行乘方运算，在Python中应当使用**运算符。例如，计算2的3次方，代码如下：

```
class Calculator:
    …略…
    def power(self, a, b):
        return a ** b
```

当然，DeepSeek仍然是我们非常得力的助手，只是提醒读者，自动生成的代码存在风险，一定要谨慎测试之后才可以应用到生产环境。

后记　未来展望：编程将走向何方？

随着 AI 代码生成技术的快速发展，编程的核心正在从"手动编写代码"向"智能定义需求"转变。未来，开发者将不再需要逐行敲击基础逻辑，而是更专注于业务建模、架构设计和系统优化。

1. 代码重心转移：从"实现逻辑"到"设计意图"

当前，AI 代码生成工具（如 DeepSeek、阿里巴巴的通义灵码、字节跳动的 MarsCode）已能自动化生成基础代码，甚至通过自然语言描述完成模块级开发。未来，编程的核心将发生结构性转移。

底层编码将会弱化。重复性代码完全可以交给 AI 自动生成，开发者不再需要逐行编写基础逻辑。

把人从重复性的开发工作中释放出来，开发者更需要的是强化设计思维。开发者需要专注于业务抽象（如精准描述需求）、架构设计（如微服务拆分）和复杂系统决策（如性能与安全的博弈）。

AI 辅助开发已经被广泛使用，开发者应该与 AI 协同进化。开发者需掌握"AI 驯化"能力，通过提示工程精准引导 AI 生成符合意图的代码，并具备代码审核与优化的判断力。

2. 编程"大众化"：从技术壁垒到全民创造力工具

低代码平台和自然语言编程正在降低技术门槛，未来编程将逐渐实现"去精英化"。

未来可实现业务主导开发。很多领域的专家（如金融分析师、生物学家）需要使用程序软件提升工作效率，然而编程又不是他们的强项。有了 AI 工具，可直接通过自然语言描述需求，让 AI 自动生成领域专用代码。

日常办公也将实现工具无界融合。例如，电子表格是我们日常使用较多的数据处理工具，当数据量很大时，工作将非常烦琐。即便软件提供了很多公式，使用者也不一定用得好。再高级一些的 VBA 编程用法，门槛就更高了，并不容易掌握。AI 介入后，我们只需要准确描述需求，公式和代码交给 AI 就可以了。

3. AI 让编程走进每个人的生活

曾经，编程是一种专业职业技能，但随着 AI 的发展，它正逐渐变成个人的基础素养。AI 正在将编程从"专业技能"转化为"普惠工具"，其未来在社会中的渗透程度将远超预期。

未来编程将融入日常生活。在智能家居方面，我们可以使用自然语言定义自动化规则，用户通过语音或文本描述需求，AI 自动生成代码并部署。如用户只需要在手机软件上输入"当室外温度高于 30℃ 且家中无人时，关闭空调并通知我"，AI 将其转化为物联网设备的联动逻辑，用户则无须理解 YAML 语法或 API 调用。

医生也可以直接创建诊断工具。如放射科医生提出："对比患者 CT 影像与数据库，标记出相似病例的肿瘤特征"，AI 自动编写医学图像分析脚本，快速准确生成诊断报告。

教学方面，教师可以用自然语言生成教学应用。如历史老师输入："创建一个互动地图，展示丝绸之路的路线，点击城市显示贸易商品"，AI 自动生成可视化网页。学生通过交互了解历史，教师则无须学习 Web 开发。

未来的开发者不再是代码工人，而是需求架构师和 AI 训练师；普通用户将获得"用想法直接创造价值"的能力。这一变革将释放人类创造力。适应这一趋势的核心，在于拥抱"AI 增强"思维——让机器处理确定性，让人专注不确定性。